JN173156

ビッグデータ解析の現在と未来

Hadoop, NoSQL, 深層学習からオープンデータまで

原　隆浩［著］

コーディネーター　喜連川優

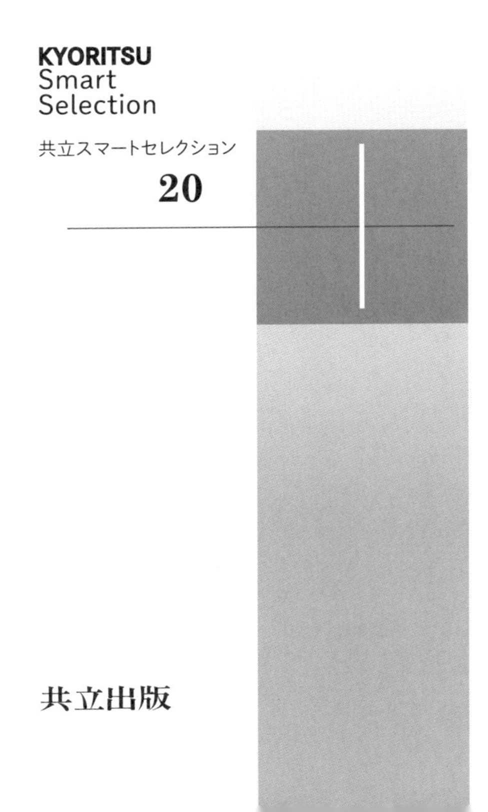

共立出版

共立スマートセレクション（情報系分野）
企画委員会

西尾章治郎（委員長）
喜連川　優（委　員）
原　　隆浩（委　員）

本書は，本企画委員会によって企画立案されました．

まえがき

「**ビッグデータ**（Big Data）」という用語は，2010 年頃から特にビジネスの分野を中心によく見かけるようになり，2012 年の米国大統領選をきっかけに爆発的なブームとなりました．しかし，多くの人は，ビッグデータとはいったい何なのかを未だによくわかっていないのが現状だと思います．実際，ビッグデータそのものには明確な定義はなく，話の文脈に応じて，大規模なデータそのものや，データが爆発している状況，大規模データを解析する技術，解析して知見を得る一連の行為など，様々な意味で用いられています．つまり，非常に便利な反面，実体をつかむのが困難な用語です．この状況をよく表しているのが，Wikipedia のビッグデータに関するエントリでしょう．頻繁に内容が更新されていますが，解説の方向性が日増しに発散し，筆者のようなデータベースの専門家が読んでも，すでに解読困難なものになっています．

そこで筆者は，本書である「ビッグデータ解析の現在と未来」を執筆することを決心しました．もちろん，ビッグデータ自体があいまいな用語であるため，本書の視点も主観を多く含んだものになっています．しかし，データベース研究者である筆者が，ビッグデータとは何か，ビッグデータに関わる技術や課題とは何か，常日頃から考えている内容を整理して執筆した本書は，ビッグデータの初歩について知りたい，学びたいと思っている読者にとっては意義のあるものだと信じています．

本書では，まず 1 章として，ビッグデータおよびその解析技術について概観します．特に，ビッグデータの特徴や注目されるようになった背景，ビッグデータの解析技術の特徴などについて解説します．2章では，ビッグデータ解析の応用事例について，代表的なものを紹介します．3章では，以降の章における技術的な解説の理解を促進するために，ビッグデータ解析の典型的な流れについて，データ収集とデータ解析に焦点を当てて解説します．4章，5章，6章，7章では，ビッグデータを支える技術として，分散処理フレームワーク，ストリーム処理エンジン，データベース，機械学習について代表的な技術をそれぞれ紹介します．次に8章では，ビッグデータ解析が今以上に広く浸透するために重要となるオープンデータについて，国内外の動向を踏まえて解説します．最後に9章では，本書のまとめとして，ビッグデータに関する将来の動向や可能性について議論します．

目　次

Box

1

ビッグデータとは？

2012年頃から，テレビや新聞，ニュースサイトで「ビッグデータ」という用語を頻繁に耳にします．しかし，多くの人は漠然と「大量のデータ」，「それを解析すると貴重な情報がわかる」くらいのイメージしかないと思います．それもそのはずで，「ビッグデータ」という用語自体には厳密な定義はなく，いわゆるバズワードです．Wikipediaのビッグデータの項目（2017年8月現在）を参照しても，冒頭部分で「市販されているデータベース管理ツールや従来のデータ処理アプリケーションで処理することが困難なほど巨大で複雑なデータ集合の集積物」と説明されており，一見，納得がいくようで，実は何の説明や定義になっていないことがわかります．そもそも，一般のツールやアプリケーションで処理や解析ができないものであれば，「手出しのできない大量データ」であり，企業等がビッグデータにこれほど注目することもないはずです．むしろ，「大量のデータに何かすごく重要なもの（こと）が隠れている」，「でも，大量のデータを処理・解析するのは難しい」というのが，ビッグデータという用語が表す本質でしょう．

それでは，何故，ビッグデータは最近になってこれほど注目され，流行となっているのでしょうか？　本書では，まずこの疑問を解消し，さらにビッグデータを扱うための情報技術（IT）について概説します．本書は，IT 関連の学部に所属する大学生や，IT を専門としないがビッグデータに興味のある大学生・高校生・一般の読者を広く対象としており，読者全員が十分に理解できるように配慮して平易に記述することを心がけています．本書を読んだ上で，ビッグデータの技術やビジネス面についてより深く知りたい読者は，関連する専門書を読むことをお勧めします．例えば，ビッグデータに関連するデータベース技術の専門書としては文献[1, 2]などが，機械学習（特に深層学習）に関する専門書としては文献[3, 4]などが，ビジネスに関する専門書としては文献[5]などがあります．

なお，ビッグデータの分野は日進月歩ですので，本書や他の書籍で紹介している技術が，読者の皆さんが読まれるタイミングで最新のものとは限りません．具体的な技術に興味のある方は，各技術の公式ページ等を参照されることをお勧めします．

1.1　従来のデータ解析とビッグデータ解析の違い

先に「大量のデータに何かすごく重要なもの（こと）が隠れている」という話をしましたが，データを解析することの重要性自体は，実は古くからの周知の事実であり，新しい発見ではありません．例えば，ビジネスの分野では，過去のデータの統計をとって解析することはマーケティングや業務改善の一般的な手法であり，古くから行われています．また，スポーツの分野でも同様であり，例えばプロ野球では，野村克也氏による「データ野球」などが有名です．

多くの読者は，2012 年の米国大統領選挙において，ビッグデータという言葉を初めて耳にしたのではないでしょうか．この選挙では，オバマ大統領陣営が大量のデータを収集し，選挙の情勢や各地域の住民の嗜好・特性を正確に把握し，有効な選挙戦略を立てたことが勝因の一つといわれています．これも上記のデータ解析の一種のように見えますが，何故，ビッグデータの活用事例として注目されているのでしょうか？　従来のデータ解析とはどう異なるのでしょうか？　その疑問の答えを以下に示します．

- **解析のためのデータの収集方法**

従来のデータ解析では，解析の対象となるデータは，その解析を目的として収集される場合がほとんどです．例えば，スーパーやコンビニにおける商品の選定やレイアウトなどの戦略決定のために，販売データ（POS データ）をレジで記録します．また，野球などのスポーツにおける戦略決定には，自身と相手チームの特徴や相性，癖などを把握するために，試合のデータを詳細にスコアデータとして記録します．

一方，ビッグデータの解析では，目的のために収集したデータだけではなく，その他のサービスや外部情報源から得られる多種多様なデータを大規模に解析することで，目的の達成を試みることが一般的です．例えば，Web 検索の検索キーワードやページの遷移・操作情報（クリックスルー情報）から，ユーザの嗜好や流行を推測することが可能となります．また，スマートフォンの GPS やセンサーのデータを収集することで，街中の人の分布や流れ，環境情報を詳細に把握することが可能となります．このように多種多様なビッグデータを解析することで，これまでには得られなかった情報を知ることができ，様々な応用が期待できます．この詳細については，2 章で説明します．

- **解析するデータの量・質**

従来のデータ解析においても，収集するデータは大量であり，様々な大規模データ向けの解析ツールやデータマイニングツールが開発されてきました．しかし，ビッグデータでは，上記のように様々な情報源からのデータを収集するため，さらにその量や種類が膨大となります．そのため，従来のデータ解析向けのツールだけでは，膨大な処理時間がかかってしまい，現実的ではありません．したがって，新しい解析・処理技術が必要となります．特に，単独の解析用サーバだけでは処理しきれないことが多いため，複数のサーバによる分散処理の枠組みが重要となります．

また，ビッグデータ解析では，センサーデータや監視データなど，高い頻度で継続的に生成されるデータ（一般に**ストリームデータ**と呼ばれる）を対象とすることも多く，このようなストリームデータに対する効率的な処理が重要となります．従来のデータ解析でもストリームデータを扱うものは多いのですが，ビッグデータ解析ではデータの量および種類の規模が大きく異なります．

さらに，従来の関係データベースに保存された表形式のデータだけではなく，より構造化された複雑な形式のデータを扱う場合が多いため，従来の**関係データベース**向けの解析ツールだけでは不十分となります．例えば，Web ページや**ソーシャルネットワークサービス**（SNS）のユーザの関係などはグラフ構造で表現されることが一般的であり，このようなデータの解析には，大量のグラフデータを効率的に処理可能なデータベースやツールが必要となります．

上記のような特徴を持つことから，ビッグデータを表現するた

図 1.1　ビッグデータの３Ｖと５Ｖ

めによく３Ｖという表現が用いられます．これは，Volume（量），Variety（種類），Velocity（生成頻度）であり，ちょうど上記の議論の二つ目（解析するデータの量・質）で述べたものです．また，最近では５Ｖという表現も用いられることが多く，これは先の３Ｖに加えて，Veracity（正確さ）と Value（価値）が含まれます（**図 1.1**）[1)]．これらは，ビッグデータ解析においてノイズの多いセンサーデータや一般ユーザが生成するコンテンツを対象とすることが多く，データ単体の信頼性や価値が低い場合が多いことを表しています．つまり，大量のデータを効率的かつ効果的に解析して初めて，有益な情報を得られるため，ビッグデータ解析において考慮しなければならない重要な要素となります．従来のデータ解析とビッグデータ解析の違いについて，**表 1.1** に示します．

表 1.1　従来のデータ解析とビッグデータ解析の比較

	従来のデータ解析	ビッグデータ解析
データ収集方法	目的に特化	目的外を含めた様々なデータ発生源から収集
量・質・生成頻度	比較的限られており単独サーバで解析可能	大規模であり一般に複数サーバでの分散処理が必要

1) 最近では，さらに Venality（金次第）や Visualization（視覚化）など，新たなＶの追加を提唱する動きもあります．

1.2 ビッグデータ登場の背景

次に，「ビッグデータ」が注目されるようになった背景について学びましょう．その背景は一つではなく，以下のように様々な異なる要因が重なっています（**図 1.2**）．

- 生成されるデータの爆発的な増加
- 分散処理技術・フレームワークの充実
- データベース，機械学習などの技術的成熟
- クラウドサービスの充実

本節の以下では，それぞれの要因について詳しく説明します．

1.2.1 生成されるデータの爆発的な増加

近年，社内情報システムの普及に伴う企業内業務の IT 化や，各

① 生成されるデータの爆発的な増加
- ビジネスデータ，科学データ
- センサー／M2M／IoTデータ
- Web／SNSデータなど

②分散処理技術・プラットフォームの充実
- Hadoop／MapReduce，Sparkなど

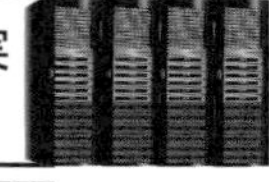

③データベース，機械学習などの技術的成熟
- NoSQLデータベース
- 機械学習などの解析技術

④ クラウドサービスの充実

- データセンター，解析用サーバ機能など

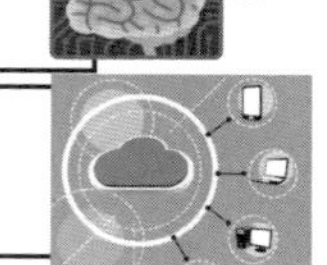

図 1.2　ビッグデータ登場の主要因

種サービスのオンライン化，医療・天文・地球科学などの科学データの高精度化，高速インターネットの普及に伴う一般ユーザからの情報発信（Web，ブログ，Twitter・Facebook など SNS）の機会の増加によって，コンピュータシステムで管理するデジタルデータの量が爆発的に増加し続けています．

さらに，M2M（Machine to Machine）や IoT（Internet of Things）というキーワードに象徴されるように，様々なセンサーや機器が人を介さずに相互に接続し，データの送受信やシステムの制御を行う環境が急速に普及しています．例えば，工場などで生産ラインや設備の状況を多数のセンサーで監視し，それに応じてシステム全体の制御を行うことなどが一般的に行われています．このような M2M や IoT から生成されるデータの量も急速に増加しており，上述の「人」が生成するデータと比較しても，無視できないほどの量になりつつあります．

このようなデータの爆発的な増加は，今後ますます加速すると考えられています．例えば，米国調査会社 IDC の調査（2012 年 12 月）によると，全世界のデジタルデータ量は 2010 年時の 988 エクサバイト（9880 億ギガバイト）から 2020 年には約 40 倍の 40 ゼタバイトに増加する見込みであることが示されています（**図 1.3**）．特に，M2M や IoT からのデータが急速に増加することが予想されています．

1.2.2　分散処理技術・フレームワークの充実

コンピュータ上で大量のデータを効率的に管理・利用する技術は，1970 年代からのデータベース（特に関係データベース）技術を中心に，様々な研究開発および商用化が進められてきました．しかし，これらの伝統的な技術は，基本的に単独のサーバでの処理を

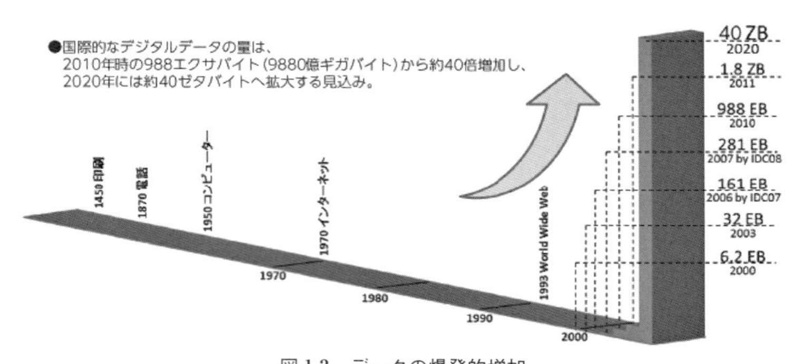

図 1.3　データの爆発的増加

（出典：総務省「ICT コトづくり検討会議」報告書）

想定しており，その処理を効率的に実行することに重点を置いていました．また，データは，その目的に応じてサービスの運営者が収集・生成することがほとんどでした．

一方，1990 年代後半からのインターネットの普及に伴い，ユーザ個人が自ら Web 等で情報を発信することが一般的となり，デジタルデータの急速な増加が始まりました．特に，Web ページや業務データ（議事録，日報や計画書のように Word ファイルや Excel ファイルなどの各種ソフトで管理されているデータ），マルチメディアデータなどのように，関係データベースなどで蓄積・管理されていない，つまりデータの構造が明確に定まっていない「**非構造データ**」が占める割合が年々増加しています．

このような非構造データの管理は，従来の関係データベースなどが苦手とする対象です．特に，Web はインターネット販売やオークション，業務管理などのビジネス応用と共に，個人の情報発信のための重要な基盤として急速に普及し，Web ページの数・量は膨大なものとなっています．2008 年の時点で，Google は 1 兆の Web ページを収集しており [6]，その増加は留まる所を知りません．所望のWebページをどのように効率的に発見するかは，すでに1990年代後半のWebの黎明期において重要な課題と認識されており，多くのサービスプロバイダにより様々なWeb検索サービスが開発されてきました．その中でも特に，Googleによって重要な一石が投じられ，それが今日のビッグデータ解析の流れにも大きく影響しています．

Googleの創始者であるLarry PageやSergey Brinらは，1998年にWebページのランキングアルゴリズムであるPageRankアルゴリズム[7]を提案しました．Googleは，PageRankアルゴリズムと，それを超大規模数のWebページに対して適用するための分散処理技術によって成長した企業と捉えることができます．つまり，超大規模数のWebページの解析を，超大規模数のサーバによって**並列分散処理**する必要があり，その際に構築された基盤技術が重要な資産となったわけです．

この並列分散処理の基盤技術を，Webページの解析だけではなく，より汎用的な用途に利用可能なものに整理したものが，Googleが2004年に提唱したプログラミングモデルであるMapReduceや分散ファイルシステムのBigTableなどです．これらは，後にApacheソフトウェア財団によって2011年に公開された，大規模データの分散処理のためのオープンソース・ソフトウェアフレームワークであるApache Hadoopの源流となり，今日のビッグデータ解析を支えています．最近では，さらに高度化したフレームワークも多数登場しています．これらの詳細については，4章で紹介します．

1.2.3　データベース，機械学習などの技術的成熟

超大規模数のサーバによる並列分散処理を効率的に実行するた

めには，処理の対象となるデータの表現方法や管理方法を，従来の常識に捉われずに検討する必要があります．言い替えると，従来の関係データベースによるデータ管理や SQL によるデータ処理が，必ずしもこのような用途に向いていない場合が多く存在します．そこで，近年では，NoSQL と称して，様々な新しいデータベース技術が登場しています．当初は，データを単純にキー（key）と値（value）で表現する**キーバリュー**形式を用いたものが主流でしたが，最近では，さらに複雑なデータ構造を扱えるものや，データ間の関係を柔軟に定義できるものなど，NoSQL データベースの高度化，多様化が進んでおり，ビッグデータ解析を支えています．これらの詳細については，6 章で紹介します．

さらに，ビッグデータを現実的な時間で解析・モデル化・分類したり，ビッグデータから有用な情報を抽出するためには，ビッグデータを効率的に処理・解析するための技術が必要となります．そのための中心的な存在として，**機械学習**（machine learning）などの**人工知能**（Artificial Intelligence：AI）技術があります．機械学習は長い歴史のある情報処理技術であり，従来から音声認識や画像処理，センサーデータを用いた行動認識など，様々な分野で重要な役割を担っています．これらの分野の多くでは，近年のビッグデータの流れにより，学習に用いることのできるデータ（コーパス）が爆発的に増加することで，学習の性能（例えば音声認識の場合は認識精度）が劇的に向上しています．それに伴い，機械学習の技術自体もビッグデータを意識したものに変遷していき，急速な進歩を遂げています．

機械学習以外にも，3 章で述べるように，データマイニングや自然言語処理，パターン認識，時系列解析など，多くの技術がビッグデータとともに急速に発展しています．もちろん，これらの技術の多くでは内部の処理に機械学習が用いられるなど，技術同士が完全に独立したものではありません．

1.2.4 クラウドサービスの充実

ビッグデータの解析には，一般に処理性能の高いコンピュータ群（例えばPCクラスタなど）が必要となるため，これまでは大きな研究機関や大企業など，一部の限られた機関のみで可能でした．しかし，昨今の**クラウドコンピューティング**の流行に伴い，大規模計算やデータセンタなど，様々なクラウドサービスが一般に公開され，利用可能となっています．このようなクラウドサービスを利用することで，大規模なコンピュータ群やストレージを所有しない機関・個人が安価にビッグデータの解析を行うことが可能となりました．

演習問題

1. ビッグデータの特徴を表す3Vおよび5Vについて，三つおよび五つのVがそれぞれ何を表すかを簡潔に述べよ．
2. 近年のビッグデータの流行の背景にある要因について，思いつく限り列挙し，それぞれを簡潔に説明せよ．

Box 1 留まることなく発展するクラウドサービス「AWS」

クラウドサービスの発展が，ビッグデータ登場の要因の一つであることを紹介しましたが，その筆頭格である Amazon.com 社の「AWS (Amazon Web Services)」を知らない人は多くないでしょう．AWS は，計算機能である仮想サーバサービス「Amazon Elastic Compute Cloud (EC2)」とストレージサービス「Amazon Simple Storage Service (S3)」を中心として，2006 年から開始されたクラウドサービスです．AWS はその最初期からクラウドサービスの業界をリードしており，ビッグデータ流行の立役者の一人であることは疑いの余地はありません．

ビッグデータや AI の流行後も，AWS の発展は留まることを知らず，多種多様なサービスを展開し，その種類や質も向上し続けています．AWS では，Web ページ（**図 1.4**）[8] に示すような「コンピューティング」（Amazon EC2 を含む），「ストレージとコンテンツ配信」（Amazon S3 を含む），「データベース」，「分析」，「人工知能」，「IoT」など，様々なジャンルのサービスが提供されています．本書に関係するものとしては，「データベース」には NoSQL データベース（6 章）の一つである Amazon DynamoDB，「分析」には Hadoop を用いたビッグデータ解析フレームワークとして Amazon EMR，「人工知能」には Amazon Machine Learning などのサービスがあります．これらのサービスでは，Amazon EC2 や Amazon S3 などの主要サービスや他のサービスとの連携のための機能が充実しており，AWS 内のサービスで多くのアプリケーションの開発を支援できることが特徴です．

また，AWS では，環境を考慮して，クラウドサービスの提供に必要な電力を，将来的には再生可能エネルギーのみ（100%）で提供することを目指しており，非常に注目されています．2016 年には 40% の電力を再生可能エネルギーによって提供することを実現しており，2017 年は 50% を目標としています．このように，大量の電力を消費することが懸念されているクラウドサービス，ビッグデータ解析において，AWS の方針・戦略は，将来の貴重な指標になるでしょう．

図 1.4　AWS で提供するクラウドサービス
（出典：Amazon Web Services ホームページ）[8]

ビッグデータ解析の応用事例と情報爆発プロジェクト

ビッグデータを解析する目的としては，主に以下の二つが挙げられます．

- データ間（そのデータに対応する事象間）の法則性を発見する．
- 発見した法則性をモデル化し，リアルタイムな現状把握や，未来予測に用いる．

これらの目的は，ビジネス分野や環境分野を中心にあらゆる応用に共通するものであり，そのため従来のデータウェアハウスやデータマイニングでも取り組まれてきました．ただし，ビッグデータ解析は，1章で述べたように，データの多様化・大量化や解析技術・フレームワークの充実により，データ解析の精度，効果および適用範囲が飛躍的に向上しているため，大きなブームとなっています．本章では，ビッグデータ解析の応用事例として，代表的なものをいくつか紹介します．

さらに，ビッグデータが流行する7年前から我が国で推進された，先駆け的な研究プロジェクトである「情報爆発プロジェクト」について簡単に紹介します．

2.1 選挙戦略：（例）米国大統領選挙

2.1.1 オバマ前大統領の再選キャンペーン

ビッグデータが一般に広く知られるようになった最も大きなきっかけの一つが，2012 年に行われた米国大統領の再選（オバマ大統領第 2 期選挙）におけるオバマ陣営のキャンペーン戦略です．

オバマ陣営のレポート [9] で公開されているように，オバマ陣営は，これまで各担当でバラバラに管理されていた有権者データ，消費者データ，党支持者データ，ボランティア記録，世論調査結果，投票記録などの様々なデータを一元的に管理することで，データを最大限に活用する基盤を整えました．そのデータをデータマイニングの専門家が率いるチームにより詳細に解析・分類し，さらに，支持呼びかけや資金集めのための電話攻勢やメディア戦略の効果などもリアルタイムなフィードバックデータとしてシステムに登録し，どのような地域，人物（年齢，性別，人種，職種，思想・宗教，住環境など）にはどのようなキャンペーン戦略が有効かなどといったことを詳細にモデル化しました．構築したモデルは，フィードバックデータをもとに改善し続け，キャンペーン戦略の意思決定に利用されました．さらに，選挙ボランティアの選定・配置・活用などにも同様の技術を用いて，効果的な選挙運営を実現しました．

ビッグデータ解析によって立案した戦略として，「西海岸在住の 40 代女性にとって，俳優のジョージ・クルーニー氏は強い影響力を持つ」という分析結果に基づき，クルーニー氏の邸宅で夕食会を開催し，1500 万ドルの資金を集めたことはよく知られています．

2.1.2 トランプ大統領の選挙戦

2016年の最も大きなニュースの一つに，トランプ米国新大統領の登場が挙げられるでしょう．上記のオバマ前大統領の再選時から4年の間に，SNSなどを中心に世の中で生成されるデータの量・質・粒度が格段に増加・向上し，さらにビッグデータ解析技術も格段に進歩しました．その結果，トランプ，クリントンの両陣営において，2012年の時よりも高度化したビッグデータによる選挙戦が繰り広げられました．

具体的には，2012年の時点では，地域や人物の特性などのグループに応じた選挙戦略が立案されていたのに対して，2016年の大統領選ではさらに細かな粒度での選挙戦略やその実行が行われていました．もう少し詳しく説明すると，2012年では地域，性別，職業などの人物のグループがどのような嗜好や特徴，政治的思考を持つかなどに応じて，選挙戦略が立案されていました．一方，2016年は，SNSなどから生成される個人に紐づいたビッグデータを解析することで，各個人のプロファイリング（嗜好，特徴，政治的思考など）やコミュニティ解析を行い，個人レベルの粒度の選挙戦略を立案し，さらにSNSなどを通じてその戦略が個人に向けて実行（ターゲティング広告など）されました．

例えば，トランプ陣営では，主要なSNSであるFacebookにおける「いいね」を選択するパターンなどを解析することでユーザのプロファイリングを高精度に行い，きめ細かなキャンペーン戦略を行うことで，し烈な選挙戦を勝利したといわれています[1)]．

[1)] その一方で，このようなビッグデータ戦略はそれほど有効ではなく，テレビなどでの豪快なパフォーマンスの方が勝因であると分析した記事もあります．

2.2 都市部の人流予測

人流予測（人の地理的な流動状態の予測）は，ビッグデータ解析の代表的な応用の一つであり，都市交通インフラの計画・整備，物流計画・ドライブナビゲーション，通信インフラ整備などのコア技術として社会的・産業的な重要性が高いため，非常に注目されています．

筆者の知る限り，ビッグデータ解析による人流予測を最初に商用サービス化したのは，Sense Networks 社（2014 年 1 月に YP 社が買収）が 2008 年に開始した Citysense です．このサービスは，参加型センシング（一般のユーザの協力による広範囲かつ大規模なデータセンシング）によるビッグデータ解析を最初期に商用利用したものの一つでもあります．Citysense は，スマートフォンなどを持つユーザを対象として GPS（位置）データを収集し，サンフランシスコのユーザ分布を端末上に表示します（**図 2.1**）．さらに，例えば「今，どこに人が集まっていて，どこに行こうとしているか？」などの検索（人流予測）が可能です．具体的には，同社の

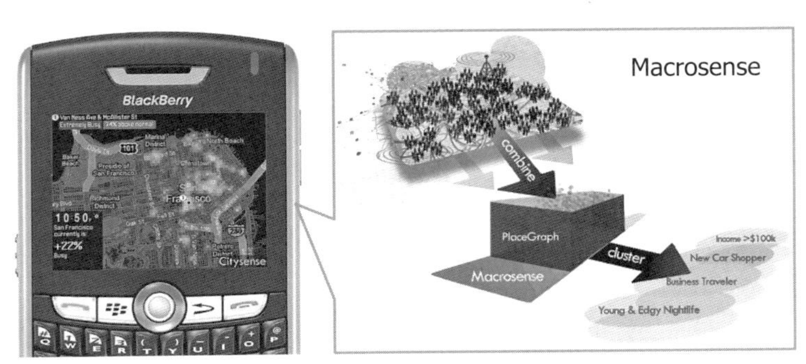

図 2.1　Citysense
（出典：原隆浩 (2011)）[10]

MacroSense（位置データを用いたユーザ動作解析ツール）を利用して，過去に収集した数十億のデータを解析してモデルを構築し，現在の数万単位のユーザのリアルタイムな位置情報と構築したモデルの比較（類似性チェック）を行うことで，現状をリアルタイムに予測します．

我が国でも，最近になってビッグデータ解析による人流予測を目的とした技術開発が盛んに行われるようになってきました．例えば，日本電信電話株式会社（NTT）は，ビッグデータ分析を通じて人・モノ・情報の流れを近未来予測し，先行的な制御および最適化を行うことを目的とした取組みとして，「himico」と呼ぶ研究開発プロジェクトを開始しています（2015年2月ニュースリリース）[11]．また，SAPジャパン株式会社，株式会社日立製作所，ESRIジャパン株式会社は，3社の製品を連携させ，社会インフラに関する将来予測を可能にするビッグデータ利活用システム基盤を開発しています（2015年11月ニュースリリース）[12]．その活用例の一つとして人流予測が挙げられており，実用に向けた運用実験においても人流データの解析が行われています．

2.3 防災・災害時対応

2011年3月11日に発生した東日本大震災を筆頭に，世界各地で発生している自然災害等への対応が非常に重要な社会的課題となっています．ビッグデータ解析は，そのための最も有効な手段の一つとして，近年注目されています．

例えば，スマートフォンなど携帯電話から入手可能なGPSデータ（位置情報）や通信履歴から，平常時および災害時において，人がどのように移動しているのか，それらの人がどのような情報サービスの利用および他者との通信を行っているのかなどがわかります．さらに，カーナビゲーションシステムなどの車載器から得られる各種データ（位置，速度，カメラ映像など）を共有・解析することで，車両レベルでの人の移動・避難状況，渋滞の発生状況，災害の運転への影響がわかります．また，Twitter などの SNS データからは，災害現場で何が起こっているのか，何が要求されているのか，人の感情・精神状態がどのような状況かなどを知ることができます．これらの各種データを統合して，大量かつ継続的に解析することで，様々な事象を高い精度で把握することができます．我が国におけるこのような取組みは，「NHK スペシャル～震災ビッグデータ」[13]（2013 年 3 月，9 月，2014 年 3 月，2015 年 3 月に放送）などメディアや書籍等で広く取り上げられており，その社会的意義が認知されています．**図 2.2** は，第 3 回（2014 年 3 月 2 日）の放送の際に紹介された，首都圏における「建物毎の被害想定マップ」です．

このような社会的な要求に応えるために，防災・災害時対応に利活用可能なビッグデータ解析技術の研究開発プロジェクトが，国などの支援の下で盛んに推進されています．

図 2.2　建物ごとの被害想定マップ
（出典：NHK スペシャル～震災ビッグデータ）[13]

2.4 Yahoo! JAPANビッグデータレポート

ヤフー株式会社は，自社が有するポータルサイト「Yahoo! JAPAN」において匿名化され，蓄積された検索・広告・ショッピング・地域情報・SNS上のトレンドに関する情報など，多様かつ膨大なデータを分析・活用し，その結果を**ビッグデータレポート**[14]として公開するという活動を2012年から実施しています．この活動の最も興味深い点として，具体的な社会応用やビジネス応用を目指すのではなく，純粋にビッグデータ解析が持つ可能性・魅力を周知することを目的としており，一般向けにわかりやすく興味を引くような応用を対象としています．

具体的には，「衆議院選挙とYahoo!検索の驚くべき関係」（2012年12月28日付）や「ビッグデータ分析でみるインフルエンザ感染状況：2015—2016」（2016年1月27日付，**図2.3**）などをビッグデータレポートとして公開しています．このように，一見，Yahoo! JAPANが有するデータからは直接の関係性が低そうなデータと，実社会で発生している事象との関連性をビッグデータ解析により発見することで，ビッグデータ解析の重要性・面白さを伝えようとしています．例えば，「ビッグデータ参院選議席予測を振り返る」（2013年7月30日付）では，衆院選におけるビッグデータ解析で構築したモデルに基づいて，参院選の各政党の議席数を予想した結果，政治的な観点での予測技術を用いていないにもかかわらず，90%程度の予測精度を達成しており，大きな反響を呼びました．

2.5 情報爆発プロジェクト

ここで，ビッグデータの応用事例ではありませんが，我が国が誇る先進的な研究プロジェクトである「**情報爆発**プロジェクト」（正

2016年1月27日 更新

ヤフー株式会社

ビッグデータ分析でみるインフルエンザ感染状況：2015－2016

こんにちは、「Yahoo! JAPANビッグデータレポート」チームです。

昨年公開した「ビッグデータ分析でみるインフルエンザ感染状況：2014－2015」に続きまして、今冬も厚生労働省より毎週発表されているインフルエンザの発生状況（定点あたりの報告数）を事前に予測し、リアルタイムでの感染状況の報告をします。
ビッグデータレポートでは、今冬もインフルエンザの感染状況の把握に毎週取り組んでいきます。

それでは、ビッグデータ分析による1月18日～1月24日週のインフルエンザ状況をご覧ください。

某治療薬の検索数から推定されるインフルエンザ患者報告数

2016年1月18日～1月24日

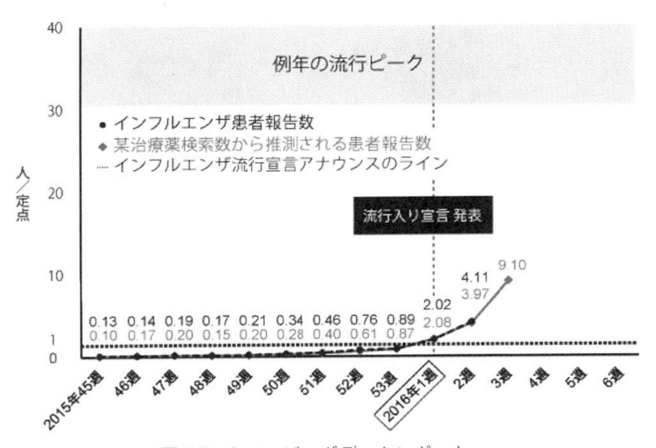

図 2.3　ヤフービッグデータレポート
（出典：Yahoo! JAPAN ビッグデータレポート，2016 年 1 月 27 日更新版（一部））[14]

式名称は文部科学省科学研究費特定領域研究「情報爆発時代に向けた新しいIT基盤に関する研究」）について，簡単に紹介したいと思います．情報爆発プロジェクトは2005年度から2010年度（構想・申請はそれぞれ2003年，2004年）の期間で，喜連川優東京大学教授（現在は国立情報学研究所所長を併任，本書のコーディネーター）を領域代表者として推進された大規模プロジェクトです．

このプロジェクトは，全人類がインターネットを通じて情報発信（**図2.4**）し，センサーなどのデバイスやWebサービス，ネットワークシステムなどからも大量のデータが発生する時代背景を鑑みて，情報が急激に増加・氾濫し続ける状態を「情報爆発」と名付け，情報爆発時代におけるIT技術の課題に取り組むことを目的としました．驚くべきことに，世の中でビッグデータが注目される7年以上前からビッグデータと同様の問題意識に基づいた，大規模

図2.4　情報爆発時代

（出典：国立情報学研究所・マイクロソフト報道発表資料「情報爆発（Info-plosion）プロジェクト」，2010年10月1日）

な研究プロジェクトが推進されていたことです（残念なのは，その後，日本発の「情報爆発」ではなく「ビッグデータ」の方が，用語として一般に普及してしまったことです）．つまり，情報爆発プロジェクトは，最近の AI，ビッグデータ，IoT の隆盛を予期し，世界に先駆けて重要な技術基盤を実現した，我が国が誇るべき研究プロジェクトといえるでしょう．

情報爆発プロジェクトでは，情報爆発（ビッグデータ）の課題を解決し，さらには利活用するために，**図 2.5** に示す研究体制で研究開発を実施しました．具体的には，特に以下のような研究テーマに取り組みました [15]．

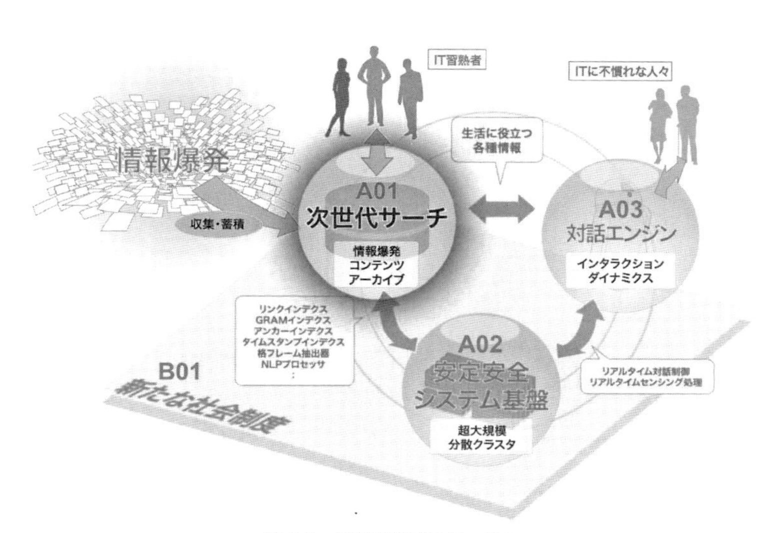

図 2.5　情報爆発プロジェクト
（出典：国立情報学研究所・マイクロソフト報道発表資料「情報爆発（Info-plosion）プロジェクト」，2010 年 10 月 1 日）

2.5.1　大量の情報から必要な情報を効率良く取り出す「次世代検索技術」

この研究テーマは，情報爆発プロジェクトの根幹を支えるものであり，情報爆発したデータ（ビッグデータ）から情報を効率よく探すための技術について，多角的に研究開発を行いました．具体的には，Google などのキーワードベースの Web 検索では発見できないようなデータを効率よく発見するために，従来とは全く異なる高度な検索技術を開発しました．

例えば，(1) いくつかのキーワードの羅列では表現できないような複雑な検索要求に対してベストなデータを提供するための，人間の言葉を理解した検索システムや，(2) どちらが正しいか一概には言えない課題に対して，意見分布を表示する検索システムなどを構築しました．

また，検索技術だけではなく，AI ブームの先駆けともいえるデータマイニング，機械学習の革新的なアルゴリズムや，圧縮データに対する超高速検索技術，IoT の重要性を先見したセンサー情報処理技術など，様々な研究が行われました．この中には，世界最高性能の技術や商用化された技術なども多くあり，学術的・社会的に大きなインパクトを与えました．

2.5.2　爆発する情報の受け皿となる「システム基盤技術」

この研究テーマでは，継続性のある社会基盤を実現するために，状況への適応性，耐故障性を有したシステム基盤技術の開発を推進しました．さらに，これらの研究成果の一端として，本研究プロジェクトの参画者や一般の人が利用可能な分散テストベッド inTrigger を公開しました．inTrigger では，全国の 17 拠点に構築された計算機クラスタをつないだ大規模なテストベッドです．

これ以外にも，以下のような情報爆発に対応するための研究プラットフォームを構築しました．

- **Slothlib:** 高度なWeb検索などを簡単に実現し，ソフトウェアの試作開発・改良におけるコストを大幅に削減するための機能群を提供．
- **TSUBAKI:** 自然言語解析，グラフ解析，統計的情報検索手法などの分野横断的なツール群を提供．1億ページのWeb情報を集積・分析した巨大データ空間を構築．
- **IMADE:** 多人数インタラクションを計測するための実験ルーム．モーションキャプチャー，視線計測装置などの計測機能と，収集した大規模データを解析するための分析ソフトウェアを提供．
- **X-Sensor:** 地理的に分散して構築された複数のセンサーネットワークとセンサーデータを，シームレスに統合利用・共有するための分散プラットフォーム．

X-Sensorは，筆者が中心となって開発したプラットフォームであり，最近注目されているIoTのプラットフォームの先駆け的な研究開発といえるでしょう．

2.5.3 「人に優しい情報環境の構築技術」

この研究テーマでは，人間とロボットが実世界で臨機応変にインタラクションを行う情報環境を実現することを目的として，研究開発を行いました．具体的には，人間のふるまいや周辺環境を，センサー情報，ライフログやサイバー空間の膨大な情報を統合利用して認識・解釈し，状況に応じた対話や支援などを行う技術を構築しました．

顕著な成果として，日常環境を自律的に動き回り，人々が興味を持つ出来事を発見・理解し，ニュースブログのような形式でわかりやすく提示する「ジャーナリストロボット」を開発しました．

2.5.4 「先進的な IT サービスを人間社会に受け入れやすくするための社会制度設計の研究」

この研究テーマでは特に，メタボ検診などを対象としたヘルスケアに関して，糖尿病などの生活習慣病の運動による予防を目的として，運動量管理システムを構築しました．このシステムでは，個々人から膨大なセンサー情報を収集し，運動種別とその実施時間等を解析します．これは，現在，非常に注目されているスマートデバイス（スマートフォンやスマートウォッチ，スマートグラスなど）とビッグデータ解析を用いたヘルスケアの先駆け的な活動です．

センサー情報を用いたヘルスケア以外にも，ICT 技術による地域社会のイノベーションや，ICT 技術による公共領域のイノベーションの方法について，多角的に研究を行いました．

2.6 将来の方向性

上記のように，防災・災害時対応のためのビッグデータ解析の重要性が認識されるようになったことなどを発端として，世間では，ビッグデータを共有するための**オープンデータ化**の必要性が盛んに謳われています（オープンデータについては 8 章で詳しく述べます）．このような背景から，将来は，データを所持していない企業や一般ユーザが，複数のオープンデータを解析して新たなサービスを展開することが一般的になると予想されます．例えば，複数のセンサーデータ（スマートフォンユーザによるボランティア型のセンシング（**参加型センシング**）を含む）や SNS データをリアルタイム解析して，社会で起こっている大小様々なイベントや事故・事件をリアルタイムに発見するモニタリングサービスなどの実現が期待されます.

演習問題

1. 防災・災害時対応においてビッグデータ解析が有効となる応用例について，思いつく限り列挙せよ.
2. 近い将来に実現されると思われるビッグデータ解析の新たな応用について述べよ.

ビッグデータ解析の流れ

ビッグデータを解析するためには，1.2 節で述べたような様々な技術および処理プラットフォームが必要となります．本章では，ビッグデータ解析がどのように行われるのか，さらにその中でどのような技術が用いられるのかについて説明します．

図 3.1 に，ビッグデータ解析の一般的な流れを示します．ビッグデータ解析は，主に，「**データ収集**」と「**データ解析**」の二つのフェーズからなります．当然，ビッグデータの解析を行うためには，まず解析対象となるデータを収集しなければなりません．そして，収集された大規模なデータは，目的に応じて解析されます．具体的には，例えば，顧客の購買履歴をマーケティングに利用したい場合は，顧客の特性（性別，年齢，居住地，職業など）と購買パターンの傾向を分析したり，ゲリラ豪雨の発生や移動の傾向を知りたい場合は，地理的条件，気象条件に対するゲリラ豪雨の発生特性をモデル化したりすることが考えられます．つまり，データ解析の結果としては，大規模なデータの集約結果（数値列）や傾向を示すルール

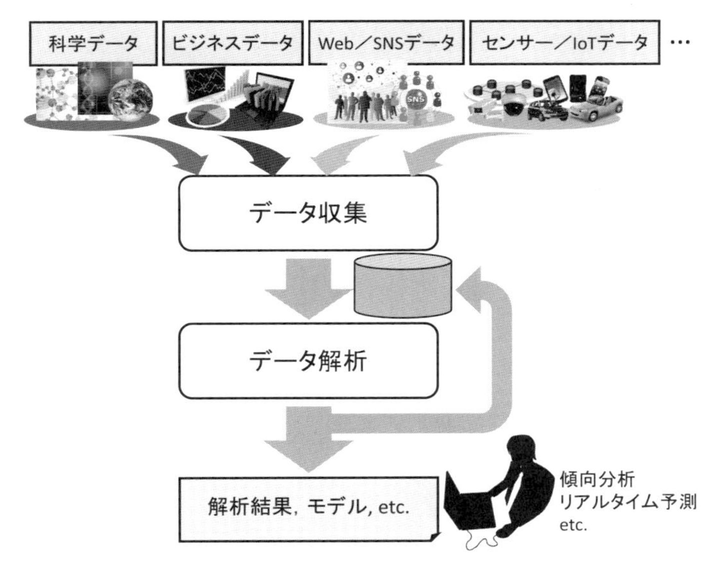

図 3.1　ビッグデータ解析の一般的な流れ

のような単純なものだけではなく，複雑（多次元）な条件に対して結果を予測するようなモデル（確率モデルや学習モデルなど）などの場合が多くあります．データ解析によって構築したモデルは，現状（現在得られるデータ）から近い将来をリアルタイムに予測したり，マーケティングや選挙などにおいて戦略を立案（ある戦略に対する効果の予測）する際に利用できます．

ここで，ストリームデータのように解析対象のデータが継続的に生成される場合，データの収集および解析を継続的に行う必要があります．この場合，最新の解析結果は，システムにフィードバックされ，後の解析の精度や効率の向上に利用されることが一般的です．例えば，解析結果としてモデルを構築している場合，このフィードバックによりモデルの精度を継続的に向上できます．

言うまでもないですが，「データ収集」と「データ解析」を行うユーザやシステムは必ずしも同一である必要はありません．実際，手間や経費の削減のために，データ収集とデータ解析のそれぞれにおいて，複数のユーザが関わることが多くあります．例えば，最近では利用価値の高いデータ自体が高値で取引されるため，そのような有償サービスを利用することも考えられますし，先に述べたようなオープンデータを利用することも考えられます．また，他者が解析した結果（例えばモデルなど）を，自身の解析に一部利用することなども考えられます．

以下では，「データ収集」と「データ解析」の二つのフェーズのそれぞれについて，より詳しく説明します．

3.1 データ収集

これまでに述べてきたように，解析対象となるデータは多種多様であり，典型的には以下のようなものが含まれます．

1. 顧客，販売，物流などに関する従来の**ビジネスデータ**
2. バイオ，天文，地球観測，気象などの**科学データ**
3. 一般的な設置型のセンサーやスマートフォン，車載システムなどモバイル端末が生成するセンサーデータやシステムログなどのデータ（いわゆるIoT系のデータ．ここではこれら全てを総称して「**センサーデータ**」と呼ぶ．）
4. Web（Wikipediaやブログを含む）やSNS（Twitter，Flickr，Foursquareなど）などインターネット上のユーザが生成したデータ

これらのうち，1と2は従来のデータ解析でも扱われていた典型的な大規模データであり，一般的にデータ解析の目的に応じて収集さ

れるため，データ収集者と解析者が一致している場合は比較的，入手が容易です．逆に言えば，データ収集者にとってはデータそのものが価値の高いものであるため，公益性が高いデータであったとしても，競合相手などに提供することには大きな抵抗があるのが一般的です．そのため，オープンデータ化など，技術的な観点だけではなく，対価提供や動機付けなどを含めたデータ共有のための仕組みを構築することが課題となります．

3のセンサーデータについては，オープンデータ化を含めて，以下のような課題があります．これらの課題を解決することで，広く一般に利用可能なビッグデータを収集することが可能となります．

- **オープンデータ化**

  センサーデータは，センサーの設置者やデータの収集者が独占的に管理している場合が一般的です．近年，データの共有のための様々な取組みが行われていますが，実用レベルでのオープンデータ化が進んでいるとは言い難い状況です．特に，通信事業者や自動車メーカー，位置情報サービスプロバイダが有している顧客の位置情報は，様々な応用が期待されているものの，**プライバシー保護**や権益の観点から共有がほとんど進んでいません．そのため，オープンデータ化が最重要課題の一つと考えられています（詳細は8章を参照）．

- **プライバシー保護**

  センサーデータは，センシングを行った時刻と場所の情報を有していることが一般的です．センサーデータが示す観測値と時間・場所の情報を解析することで，自然現象や人流などの時空間的な傾向を調べることが可能です．この際，センサーがカメラやマイクであった場合，その場にいる人の画像・映像や会話を取得してしまうため，データの取得・管理においてプライバシーに配慮しなければなりません．また，一般のユーザがモバイル端末を用いてセンシングする場合は，ユーザとデータが直接ひも付けされるため，データに付与されるユーザの位置情報そのものが一種のプライバシー情報となります．

一般に，センサーを設置したり，ユーザからセンサーデータを取得する場合，プライバシーポリシーを作成・公開し，センサーデータに関するプライバシー情報の取り扱いや，加工，管理，二次配布・共有に関する取り決めを明確にし，ユーザの同意の上でそのポリシーを遵守しなければなりません．

最近では，センサーデータの利用価値を損なうことなく，データ内のプライバシー情報を効果的に削除・変更するアプローチが，商用および研究レベルで盛んに開発されています（詳細は8.4（1）項を参照）．

- **データ共有プラットフォームの構築**

多数存在するセンサーデータの所有者がオープンデータ化を行うだけでは，大規模なセンサーデータの共有には至りません．実際，最近では自治体等が様々な公共データの公開を推進していますが，それらのデータをビッグデータ解析を行う他者が有効利用できているとは言い難い状況です．これには以下に示すような理由があります．

—公開されているデータが Web 上の PDF ファイルやスキャンされた画像データなどの場合が多く，他のアプリケーションやサービスから直接利用するのが困難なものが多い．

—大規模数のデータ所有者・組織が公開しているデータの中から，自身の目的に役立つものを探すのが困難である．

このような問題を解決するために，大規模数のデータ所有者・組織がデータを持ち寄って，共有することが可能なプラットフォームを実現することが望まれます．

- **参加型センシングの促進**

近年，スマートフォンの契約者数が爆発的に増加し，さらにGPSや加速度センサーを始めとした様々なセンサーが搭載されるようになりました．このような背景から，モバイル端末がセンシングした各種データを収集し活用する「**参加型センシング**」が注目されています．参加型センシングは，目的に応じたスマートフォンアプリを開発することで，技術的には比較的容易に実現可能です．しかし，ユーザがセンサーデータを提供する動機（インセンティブ）が乏しいため，データの提供を有償化したり，対価として有益なサービスを提供するなど，参加型センシングを促進する仕組みを実現する必要があります．

3.2 データ解析

収集したビッグデータは，目的に応じて解析されます．データ解析の手段としては，データが多種多様で大容量という性質上，様々なツールや技術が用いられます．その代表的な一部を**表 3.1** に示します．これらの技術は主に，データを前処理したり分析したりするための計算技術と，その計算を実行するためのプラットフォーム・基盤に関するシステム技術に分類できます．**図 3.2** は，データ解析

表 3.1　ビッグデータ解析のための技術

計算技術	システム技術
統計処理，データマイニング，クラスタリング，機械学習，自然言語処理，信号処理，パターン認識，時系列解析，外れ値除去，可視化など	分散処理，データベース，ネットワーク，クラウドコンピューティング，クラウドソーシング，クラウドセンシングなど

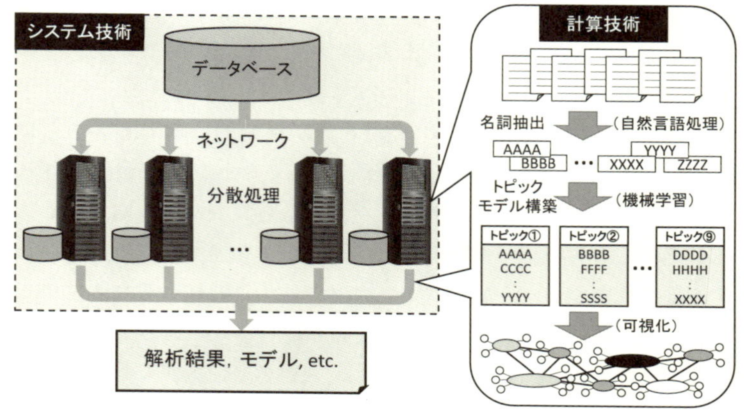

図 3.2　データ解析フェーズ：Web などの大量文書からトピックモデルを構築・可視化する例

フェーズの一例として，Web などの大量文書からトピックモデル（話題となっているトピックとそれを表現する単語集合）を構築し可視化する例を表しています．

計算技術に関しては（ビッグデータ解析に特化した技術も提案されていますが），ビッグデータが注目される前から，各技術分野において長い歴史の中で発展してきたものです．一方，システム技術は，**分散処理フレームワーク**や NoSQL データベースなど，ビッグデータに特化して開発されたものが多くあります．そのため，本書の以降ではシステム技術，特に分散処理フレームワークとデータベースに関する技術（特に**ストリーム処理エンジン**と NoSQL）に注目します．また，計算技術としては，**機械学習**のみに注目し，機械学習全般と特に最近流行している**深層学習**について概説します．

なお本書では，データ解析のフェーズの中に，データのフィルタ処理や前処理なども含まれていると想定しています．最近のビッグデータの専門書や研究論文では，これらの処理を独立して異なるフェーズと捉えているものもあります．

演習問題

1. ビッグデータ解析における「データ収集」フェーズと「データ解析」フェーズについて，それぞれどのような処理が行われるか簡潔に説明せよ．
2. センサーデータを複数の組織や一般に広く共有する際の課題について列挙し，簡潔に説明せよ．
3. オンラインショッピングサービスを提供しているある企業では，これまで，各顧客の簡単なプロファイル（性別，年齢，趣味）と購買履歴から，その顧客が興味を持ちそうな商品を予想していた．この企業では，さらに精度と粒度の高い販売戦略のために，ビッグデータ解析を有効利用したいと考えている．そのための戦略を一つ提案せよ．具体的には，「データ収集」フェーズとして，どのようなデータをどのように収集するのか，「データ解析」フェーズとして，収集したデータをどのような技術および手順で解析し，どのような出力を得るのか説明せよ．

ビッグデータを支える技術（1）分散処理フレームワーク

ビッグデータが世の中で話題になったことの立役者の一人が，Hadoop を中心とする**分散処理フレームワーク**といえるでしょう．現在でも，業務にビッグデータ解析を取り込む多くの組織・団体がまず行うのが，対象とする問題を解くために，利用する分散処理フレームワーク向けにプログラミング等を行うことです．それほど，ビッグデータ解析と分散処理フレームワークは切っても切れない関係なのです．本章では，まずバッチ処理向けの Hadoop について概説し，その後，Hadoop では十分な機能を有していない対象として，リアルタイム処理，ストリーム処理向けの Spark，Storm，および，機械学習タスク向けの Mahout，Jubatus，地理情報解析向けの SpatialHadoop について概説します．

4.1 Apache Hadoop

Hadoop [16] は，Apache ソフトウェア財団（以降，Apache）がトップレベルプロジェクトとして公開・開発を進めているオー

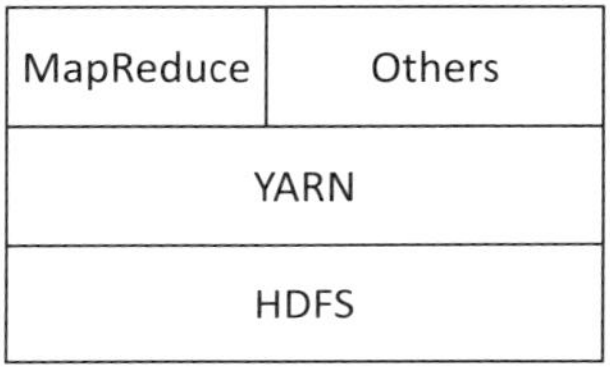

MapReduce	Others
YARN	
HDFS	

図 4.1　Hadoop 2 のシステムアーキテクチャ

プンソースの分散並列処理フレームワークです．当初（Hadoop 1）は，Google が 2004 年に提案した分散処理プログラミングモデルである MapReduce を実装したフレームワークという位置付けであり，主に MapReduce と Hadoop 分散ファイルシステム（Hadoop Distributed File System: HDFS）から構成されていました．Hadoop 2（バージョン 2.0 以降）では，その基本方針は概ね同じですが，一つ大きな違いとして，MapReduce 以外の分散処理プログラミングモデルも扱えるように，アーキテクチャを変更しています．具体的には，バージョン 2.0 以降の Hadoop では，新たに Yet Another Resource Negotiator（YARN）というモジュールを追加し，**図 4.1** のようなシステム構成となっています．以下では，HDFS，MapReduce，YARN のそれぞれについて概説します．

4.1.1　HDFS

HDFS はもともと，Apache の Nutch ウェブ検索エンジンプロジェクトで開発された分散ファイルシステムであり，現在は Apache Hadoop プロジェクトの一部として開発が進められています．HDFS は，安価なハードウェアシステム上で動作することを想定し，耐障害性の高い，高スループットなデータアクセスを実現します．

(1) HDFS の概要

HDFS のシステムアーキテクチャを**図 4.2** に示します．HDFS は基本的に，一つの**ネームノード** (NameNode) と複数の**データノード** (DataNode) から構成されます．各ファイルは，複数のブロックに分割され，それらのブロックがデータノードに配置されます．

さらに，ネームノードが単一障害点となる欠点を解消するために，必要に応じて，**セカンダリ（二次）ネームノード** (Secondary NameNode)，**チェックポイントノード** (Checkpoint Node)，**バックアップノード** (Backup Node) を設置することができます．以下では，各構成要素について概説します．

- **ネームノード**

ファイルシステムの名前空間やクライアントからのファイルアクセスに関する規則を定義する管理サーバ．ファイルやディレクトリのオープン，クローズ，リネームなどの名前空間操作を実行します．さらに，データブロックのデータノードへのマッピング

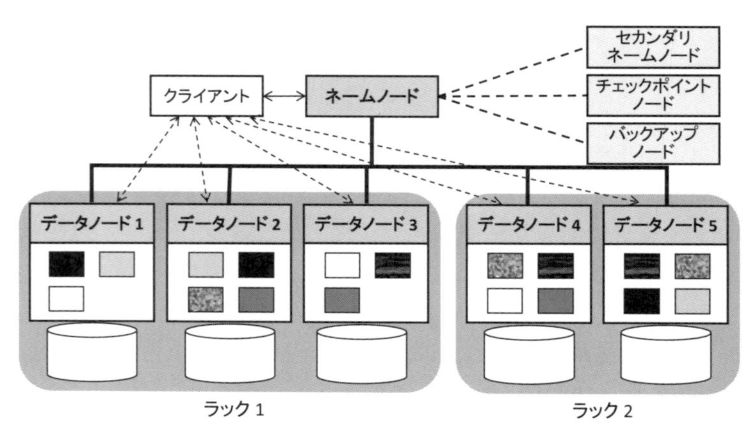

図 4.2 HDFS のシステムアーキテクチャ

（配置）を決定します．

ネームノードは，起動時に，HDFSの状態を表すファイルイメージ（ファイル名：fsimage）と編集ログ（編集ファイル）を読み込み，現在（最新）のHDSFの状態を再現し，fsimageを最新の状態に更新した後，編集ファイルを空にします．

- **データノード**

ストレージを管理するサーバ．通常，クラスタ（システム）内の各マシンに一つ配置されます．クライアントからの要求に応じて，データブロックへの読出し（read），書込み（write）操作を実行します（ただし，読出し・書込み操作の対象となるブロックとそれを所持するデータノードは，ネームノードが指定します）．さらに，ネームノードの指示に従い，ブロック生成，削除，複製などを実行します．

- **セカンダリネームノード**

ネームノードは，起動時にしかファイルイメージと編集ログのマージを行わないため，時間が経つにつれて編集ログのサイズが大きくなるという問題があります．さらに，再起動時の起動時間が長くなってしまいます．そこで，セカンダリネームノードは，周期的（デフォルトでは1時間ごと）に，ファイルイメージ（fsimage）と編集ログのマージを行います．この処理は**チェックポイント**（checkpoint）と呼ばれます．また，一定数（デフォルトは100万個）のトランザクション（データ処理）が直前のチェックポイント以降に実行された場合，周期で定められた時間の前でもチェックポイントを実行します．なお，実行時には編集ログをネームノードからダウンロードする必要があります．一般に，セカンダリネームノードは，ネームノードとは異なるマシン上に配置されます．

セカンダリネームノードにより，ネームノードに障害が発生した際の復旧（再起動）時間が短縮されるとともに，ネームノードの二重化の役割を果たすことができます．

• **チェックポイントノード**

チェックポイントノードは，基本的な動作はセカンダリネームノードに類似しており，周期的な（および一定数のトランザクション実行時の）チェックポイントを実行します．この際のデフォルト値もセカンダリネームノードと同様です．一般に，チェックポイントノードは，ネームノードとは異なるマシン上に配置されます．

チェックポイントノードがセカンダリネームノードと異なるのは，(1) チェックポイント実行時にファイルイメージ (fsimage) と編集ログをネームノードからダウンロードする点と，(2) チェックポイント実行後に最新の fsimage をネームノードにアップロードする点です．つまり，セカンダリネームノードがネームノードの二重化，兼，頻繁なチェックポイント実行を役割とするのに対して，チェックポイントノードはネームノードのチェックポイントの実行を肩代わりする役割と考えればよいでしょう．

• **バックアップノード**

バックアップノードは，チェックポイントノードと同様の機能に加えて，ネームノードと同様のファイルシステムの名前空間（最新情報）をメモリ上で維持します．そのために，編集ログをストリームデータとしてネームノードから受信してディスクに格納し，さらに自身が保持する名前空間のコピーに適用して更新します．このように，バックアップノードは，常にネームノードと同じ状態を維持しているため，チェックポイント時にも，ファイルイメージ (fsimage) や編集ログをネームノードからダウンロードする必要はなく，即時に実行できます．

バックアップノードは，一つのネームノードに対して基本的に一つしか配置されません．セカンダリネームノードがチェックポイントによるfsimageの頻繁な更新（ネームノードの再起動の負荷を低減）を役割としているのに対して，バックアップノードはメモリ上の名前空間とfsimageの両者について厳密にネームノードとの同期を取ることを役割としています．そのため，バックアップノードを配置することにより，ネームノードの障害時にも，ほとんど遅延なく，役割を切り替えることで，ネームノードの復旧が可能となります．また，ネームノードが永続性のあるディスクを持たずにメモリのみで動作しても，永続化はバックアップノードに任せるなどのシステム構成が可能となります．

(2)　HDFSの特徴

HDFSは，前述のシステム構成によって，以下のような特徴を有するデータアクセス性能を提供します．

- **高いデータアクセススループット**

  Webクローラなどの Hadoopを用いるアプリケーションは，書込みが1回，その後の読出しが多数というものが多くあります．そのため，HDFSでは，ファイルが作成され書き込まれた後は，追加と切出しを除いて，データの更新を行うことができません．このような簡潔なデータの管理を行うことで，データアクセススループットを向上しています．特に，HDFSは，ユーザとのインタラクティブな操作を必要としない，バッチ処理によるデータアクセスを想定して設計されています．

- **高いデータ可用性と並列処理性**

  HDFSでは非常に大きなサイズのファイルを扱うため，ファイルをデータブロックという単位（Hadoop 2のデフォルトは128 MB）に分割し，各データブロックは複数（デフォルトは三つ）に複製されて複数のデータノードに配置されます．これにより，データブロックを保持するデータノードに障害が発生しても，他のデータノードからダウンロードすることが可能となります（データ可用性の向上）．さらに，複数のアプリケーションが同時に一つのデータブロックにアクセスする場合も，データアクセス性能が低下しません（並列処理性の向上）．

一般にHadoopは，企業内などで複数のラックから構成されるPCクラスタで処理される場合が多くあります．そこで，HDFSでは，ラックを意識したデータブロックの配置を支援しています．デフォルトでは，三つのデータブロックの複製のうち，二つは同一のラック内のデータノードに配置され，残り一つは別のラック内のデータノードに配置されます．データ内の同じラックにデータブロックが配置されることで，書込み処理の負荷を抑えることができます．また，残り一つが別のラックに配置されることで，ラックに障害が起こった際にも，そのデータブロックが全滅せずに，他のラックから読み出すことができます．

4.1.2 MapReduce

MapReduceは，特にハイスペックではない通常のマシン上で，信頼性が高く，障害に強い超並列分散処理（数千ノードなど）を大規模データ（テラバイトなど）に対して行うソフトウェアフレームワークです．

(1) MapReduceの概要

HDFSのデータノードとMapReduceの計算ノードは，共通のノード集合であることが一般的です．つまり，データノードが

MapReduceの計算処理を実行します．Hadoopのシステム内には，一つのResourceManager（資源マネージャ）が存在し，MapReduceの処理の実行時には一つのApplicationMaster（アプリケーションマスター）と各ノード上にNodeManager（ノードマネージャ）を起動します．アプリケーションマスターが各ノードマネージャとやり取りを行い，起動中の処理（アプリケーション）の状況を把握して，資源マネージャと交渉を行い，資源を確保，配分します．

具体的には，MapReduceでは，HDFSに格納されているデータに対する並列処理を，Map処理とReduce処理の2段階で実行します．Map処理では，中間結果であるキーとバリューの組の集合が出力されます．中間結果は整列された後，Reduce処理を実行するノード数分に分割（グループ化）されます．そして，Reduce処理の実行後，最終結果が得られます．Map処理およびReduce処理のもう少し詳しい説明を，以下に示します．

- **Map処理**

  Map処理では，データを小さな単位に分割し，大規模数のサーバにそのデータに対するタスクを割り当てます．各ノードは担当のタスクを実行し，中間結果を出力します．このとき，Map処理の入力はキーとバリューの組の集合であり，中間結果もキーとバリューの組の集合となります．しかし，入力と出力のバリューの型や数は同じである必要はありません．例えば，入力は個々のセンサーデータで，出力はしきい値を超えたか否か（真か偽か）の場合などがあります．

- **Reduce処理**

  Reduce処理では，Map処理の結果（中間結果）を集約し，最終的な結果を得ます．具体的には，Reduce 処理は Shuffle, Sort，Reduce の三つのフェーズで実行されます．

Shuffle では，Map 処理を実行した全ノードの出力から必要な部分を取得します．Sort では，Reduce 処理の入力をキーごとにグループ化します．Shuffle と Sort の二つのフェーズは同時に実行されます．Reduce では，Reduce 処理のタスクが実行されます．この最終結果は，HDFS に書き込まれます．

MapReduce の処理の例を**図 4.3** に示します．この例では，大量の Twitter やアンケート情報の中から地名に関する単語を抽出し，各地名の出現回数をカウントしています．まず，Map 処理において，各ノード (A,B,…) は割り当てられた全データから地名を抽出します．これが Map 処理の出力結果であり，中間結果となります．

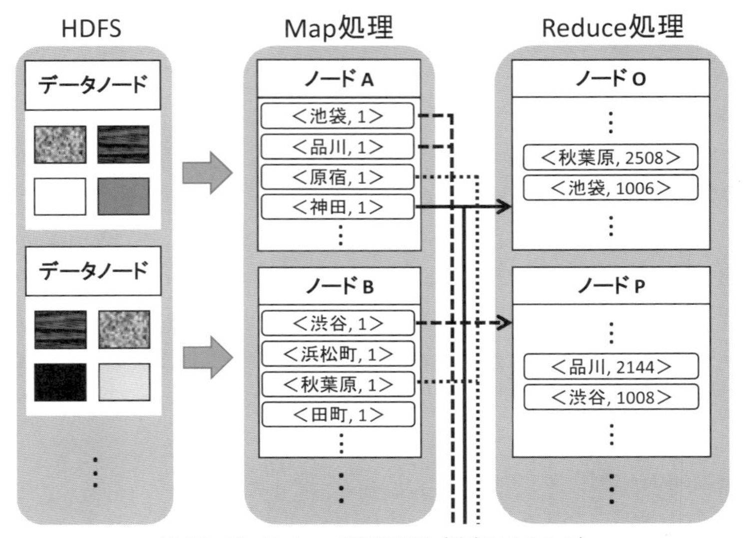

図 4.3　MapReduce の処理の例（地名のカウント）

そして，抽出した地名のリスト内の各項目（地名と出現回数の組）を，Reduce 処理のタスクを実行するサーバ（O,P,…）へ送信します．この際，地名をキーとして，五十音順で一定の範囲のキーが，各サーバに割り当てられています．Reduce 処理では，各サーバは自身に割り当てられた各キーの出現回数を集約し，最終結果としています．

(2) MapReduce におけるデータ転送量を削減する工夫

MapReduce では，Map 処理，および，Map 処理から Reduce 処理へのデータ転送量を削減するために以下のような工夫が行われます．

- Map 処理において，無駄なデータ転送を削減するために，各データを所持するノード（データノード）に該当する Reduce 処理のタスクを割り当てることができる．
- Map 処理において，中間結果のデータサイズを削減し，Reduce 処理を実行するノードへのデータ転送量を削減するために，ローカルノードで中間結果の集約を行うことができる．
- Map 処理の中間結果のデータサイズを削減するために，データの圧縮を行うことができる．

4.1.3 YARN

YARN の基本概念は，リソース管理とジョブスケジューリング・管理を別機能に分けることであり，前項で紹介したように，全体の資源管理を行う**資源マネージャ**とアプリケーションごとに起動される**アプリケーションマスター**でこれを実現しています．アプリケーションは一つのジョブか，連鎖するジョブから構成されます．

図 4.4 に示すように，YARN に基づく Hadoop のシステムは，資

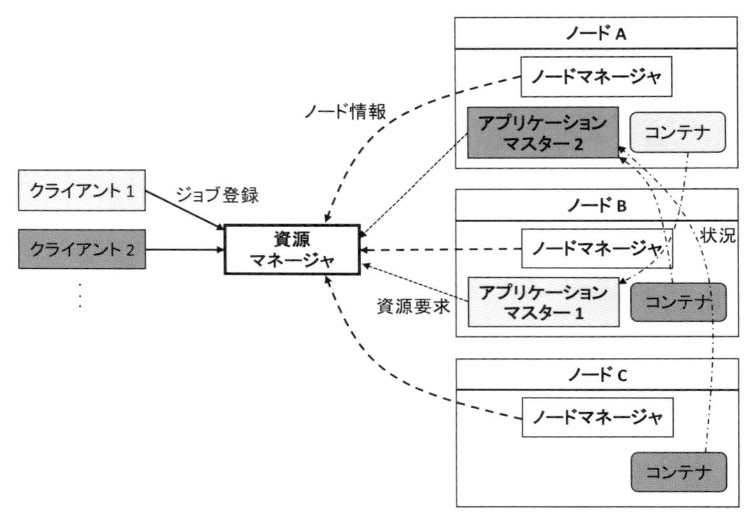

図 4.4　YARN に基づく Hadoop システムのアーキテクチャ

源マネージャと**ノードマネージャ**が論理的な計算ネットワークを構成します．資源マネージャは，システム全体の全てのアプリケーションに対して，資源の配分を決定する権限を持ちます．ノードマネージャは，マシン毎に配置され，（CPU，メモリ，ディスク，ネットワークなどの）資源利用を監視し，資源マネージャに報告します．この際の資源情報は，**コンテナ**と呼ばれるデータ構造に格納します．アプリケーションマスターは，アプリケーションごとに配置され，ノードマネージャと連携しながら，タスクの実行と監視を行い，資源マネージャに対して資源の配分を交渉します．YARN では，このような汎用的で柔軟な資源管理のフレームワークを提供することで，MapReduce 以外の分散処理プログラミングモデルを扱うことを可能としています．

Box 2 Hadoop の柔軟性・高度化と運用・維持容易性

Hadoop を始めとするビッグデータ向けのオープンソース分散処理フレームワークは，それぞれ異なる特徴を持ち，得手不得手があるため，組み合わせて使用するケースが多くあります．また，後述するデータベースや機械学習ツールなど，様々な異なるフレームワーク，ツールと連携して使用されることが一般的です．つまり，Hadoop などの分散処理フレームワークは，それ自体で完結してアプリケーションを実現するものではなく，システム全体の一部であることが多いのです．そのため，Hadoop 2 における YARN の導入のように，他のフレームワークやツールとの連携を容易にするために，柔軟性を持つための機能拡張が重点的に行われています．

一方，柔軟性の拡張に限らず，Hadoop などの分散フレームワークは，日進月歩で発展し，あらゆる面での拡張・高度化が非常に早いペースで行われています．バージョンアップの頻度も高く，その都度，以前のバージョンに含まれない，多様で高度な機能が追加・拡張され続けています．

このような柔軟性と継続的な高度化は，Hadoop（および同様の他のフレームワーク）を用いたビッグデータ解析の可能性を広げているのは，紛れもない事実です．しかし，その一方で，以下のような問題を生じています．

- **問題 1**：実装の自由度（柔軟性）が高く，機能も豊富なため，システム構成が複雑化する場合が多く，プログラムが複雑・煩雑になりやすい．
- **問題 2**：バージョンが変わると仕様が大幅に変更されることがあり，異なるバージョン間で互換性が保証されない場合が多い．つまり，前のバージョンで作成したプログラムが新しいバージョンで実行できない場合がある．

問題 1 は，プログラムの可読性や運用・維持（最適化，再利用，バージョンアップへの対応など）の観点で大きな問題です．また，問題 2 は，問題 1 がさらに深刻化する大きな要因となります．これらの問題は，複数のフレームワークやツールを連携させている場合には，ますます深刻化します．つまり，開発したプログラムを運用・維持するには，非常に大きな負担がかかるのです．

このような理由から，Hadoop などのフレームワークの使用を諦める企業・機関も少なくないようです．機能の柔軟化・高度化と，運用・維持の容易性は，バランスが難しい問題です．最近では，このような問題を解決し，高度なビッグデータ解析アプリケーションの容易な開発を支援するために，整理された（連携を容易に実現可能な）形で多様なツール群を提供したり，それらの開発・運用も支援するような商用サービスが多く登場しています．例えば，Amazon.com 社の Amazon EMR や，国内では日立製作所の「かんたん Hadoop ソリューション」[17] などがあります．

4.2 Spark

Spark [18] は，もともとはカリフォルニア大学バークレー校の AMPLab で開発されたクラスタコンピューティング向けのフレームワークであり，現在は Apache のトップレベルプロジェクトの一つとして開発が進められています．Spark は，Hadoop の競合技術のように言われることもありますが，厳密には，MapReduce の競合技術と捉えるのが正しいでしょう．最近では，Hadoop 上で MapReduce ではなく，Spark を用いてビッグデータ解析をするケースが増えています．

Spark の特徴を簡潔に言えば，MapReduce のようなバッチ処理の高速化を主眼に置いたフレームワークと比較して，リアルタイム処理の充実や，多様な機能の提供，データ源の多様化など，豊富な

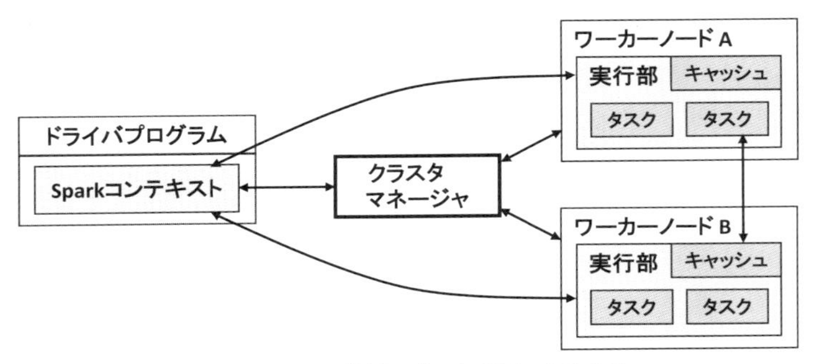

図 4.5　Spark アプリケーションのアーキテクチャ

機能が提供されていることでしょう．

図 4.5 に，Spark のアプリケーションのアーキテクチャを示します．各アプリケーションは，ドライバプログラムの調整により，クラスタ内でプロセス（タスク）群を実行します．この際，ドライバプログラム内のオブジェクトである Spark コンテキストは，いくつかの種類のクラスタマネージャ（例えば Hadoop の YARN など）に接続可能です．クラスタマネージャは，アプリケーション間で資源の割当てを行います．Spark は，計算処理やデータの保存などを行うワーカーノード（の実行部）を獲得し，その後，Spark コンテキストから実行部にアプリケーションコードおよびタスクが送信されます．

上述のアーキテクチャは，端的に言えば，資源やタスクを管理する観点からは，ベーシックな構成です．このようなベーシックで大きな癖のない構成は，Spark の特徴である，多様な機能の提供や，多様なフレームワーク・データベースとの連携を行う上で重要といえるでしょう．以下では，Spark の主な特徴を紹介します．

4.2.1　高速な処理時間

Spark の処理エンジンは，データフロー処理とインメモリ計算の技術により，MapReduce などの既存フレームワークと比較して，非常に高速な処理時間を実現しています．実際，Spark のトップページでは，インメモリの処理で MapReduce の 100 倍，ディスク上の処理で 10 倍ほど高速であると謳われています．

4.2.2　複数のプログラミング言語における操作群の提供

Spark では，Java，Scala，Python，R の四つのプログラミング言語において，80 を超える操作群を含む API を提供することで，アプリケーション開発を支援しています．

4.2.3　目的に応じたライブラリの提供

Spark の最も重要な特徴として，目的に応じたライブラリ（API 群等）を提供しています．具体的には，**図 4.6** のライブラリスタックで示すように，コアな API 群の上位に，Spark SQL，Spark Streaming，MLib，GraphX の四つのライブラリ群があります．

- **Spark SQL:** Spark のプログラム内において，構造化データ（関係データベースなど）に対する問合せ（クエリ）を可能とする

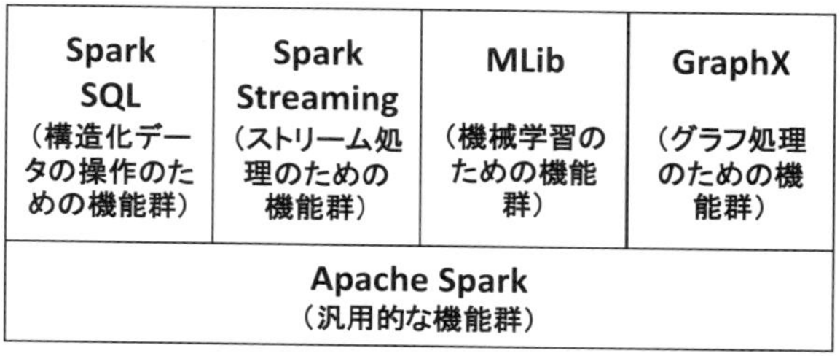

Spark SQL（構造化データの操作のための機能群）	Spark Streaming（ストリーム処理のための機能群）	MLib（機械学習のための機能群）	GraphX（グラフ処理のための機能群）
Apache Spark（汎用的な機能群）			

図 4.6　Spark のライブラリスタック

Spark SQL を提供する．Spark SQL では，最もよく用いられるデータベース言語である SQL と，分散データセットに対する汎用 API 群を用いることができる．

- **Spark Streaming:** スケーラブルで対障害性の強いストリーミングアプリケーションの開発を支援するために，ストリーム処理のための API 群を提供する．障害時には，消失した処理と処理状況の回復を，余分なコーディングなしに実現する．また，バッチ処理と同じコードをストリーム処理に再利用したり，過去のデータとストリームを統合したり，インタラクティブな問合せを実行したりすることが可能である．
- **MLib:** 分類，回帰，決定木，クラスタリング，トピックモデリング，パターンマイニングなどの多数の機械学習のアルゴリズムを提供する．
- **GraphX:** グラフデータに対する並列処理計算のための API 群を提供する．具体的には，ページランクや連結成分検出，強連結成分検出，三角閉路カウンティング，ラベル伝搬，特異値分解などのグラフ処理に関する各種のアルゴリズムを提供している．

4.2.4　実行環境，データ源の多様性

Spark は，Spark が独自に提供するシンプルなクラスタモード，Hadoop の YARN，Apache Mesos（Apache によるクラウドやデータセンタ上での資源の抽象化のためのフレームワーク）で実行可能です．また，HDFS や Cassandra，HBase，Hive などの NoSQL データベース（6 章で詳述）を含む多様なデータ源を用いることが可能です．

4.3 Storm

Storm [19] は，もともとは米国 BackType 社が開発し，Twitter 社による BackType 社の買収後にオープンソース化され，現在は Apache によってトップレベルプロジェクトとして開発が進められています．Apache Storm は，MapReduce が主にバッチ処理を対象としているのに対して，無制限のストリームデータを中心に分散リアルタイム計算を対象としています．実際，Twitter 社では，Storm をツイートのリアルタイム処理に使用しています．

Storm は，リアルタイム解析，オンライン機械学習，連続計算（問合せ処理）などに利用でき，各ノードにおいて毎秒で百万タップルを処理することが可能です．このような高速処理を，スケーラブル，高い対障害性，簡単な操作で実現することができます．さらに Storm では，既存の待ち行列やデータベース技術を統合的に利用できます．

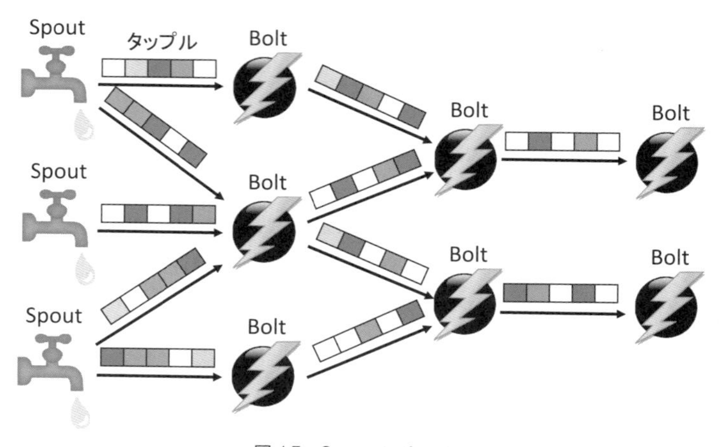

図 4.7　Storm トポロジー

Storm のアプリケーションは，**図 4.7** に示すように，Storm トポロジーとして構成されます．トポロジーは，Spout と Bolt のグラフとして構成され，無期限（連続的）に実行されます．以下に，Storm の構成要素について説明します．

4.3.1　ストリーム

ストリームは Storm における重要な概念です．ストリームは無制限のタップル (tuple) 列であり，分散的に生成・処理されます．タップルには，デフォルトで整数型，長整数型，短整数型，バイト型，文字列型，倍精度浮動小数点型，浮動小数点型，ブール型，バイト配列型を含むことができます．また，ユーザ指定の型を用いることもできます．

4.3.2　Spout

Spout はトポロジーにおけるストリームの生成源です．一般的に，Spout は外部のデータ源（例えば Twitter API）からタップルを読み出し，トポロジーへ投入します．Spout には信頼性のあるものと，信頼性のないものがあり，前者ではタップルの処理に失敗した場合，そのタップルを再生できます．一つの Spout は，複数のストリームを生成することが可能です．

4.3.3　Bolt

Storm のトポロジーにおけるすべての処理は，Bolt において実行されます．Bolt はフィルタリング，関数，集約，結合，データベースアクセスなど様々な処理を実行することができます．

Bolt は単純なストリームの変換（入力ストリームに処理を行って出力ストリームを生成）を行えますが，複雑な変換の場合は多段のBoltで実行することが一般的です．例えば，Twitterのツイート中の頻出語（話題のキーワード）を検出する場合，ツイートのストリームから各語の出現回数をカウントするBoltと，上位の頻出後をストリーム出力するBoltが用いられます．一つのBoltは，複数のストリームを生成することが可能です．

4.3.4 ストリームのグルーピング

トポロジーを定義するためには，各Boltがどのストリームを入力とするかを決めなければなりません．そのために，ストリームをグルーピングして，Boltのタスク集合に分配します．Stormでは八つの異なるグルーピング法を提供しており，例えば，各Boltに均等にタップルを配分するShuffle grouping，指定した属性値（例えばユーザID）ごとにタップルを配分するFields grouping，ストリームを複製して全てのBoltに配分するAll groupingなどがあります．

4.4 Apache MahoutとJubatus

Apache Mahout [21] は，Apacheのトップレベルプロジェクトとしてオープンソース開発が進められている機械学習アルゴリズムのソフトウェア群（ライブラリ）です．Mohoutは，SparkなどのHadoopベースの環境を中心に，代表的なビッグデータフレームワーク上で利用可能な機械学習のアルゴリズムを多く提供しています．特に，協調フィルタリング，分類，クラスタリング，次元圧縮，トピックモデルを主要なカテゴリとして，開発が進められています．

Jubatus [22] は，Preferred Networks社とNTTソフトウェアイノベーションセンタが共同開発したオープンソースプロダクトであり，日本発のビッグデータ向けフレームワークとして注目されています．Jubatusは，オンライン機械学習向けの分散処理フレームワークであり，多値分類，線形回帰，推薦，グラフマイニング，異

Box 3 Apache Flink

Apache Flink [20] は，Apacheのトップレベルプロジェクトに2016に昇格した，ストリーミング処理のためのエンジンです．これまでのSparkやStormに関する説明でもわかるように，Apacheでは共通性・関連性の多い複数のプロジェクトを同時に進行しています．このFlinkもその一つであり，ストリーミング処理の観点から，SparkやStormとの共通性が少なからずあります．そのため，これらの中でどのフレームワークの性能が高いのかという疑問は，多くの人が持つところだと思います．

そのような観点から，Yahoo!は興味深いレポートを公開しています[24]．このレポートによると，ストリーミング処理を専門としているStormとFlinkは，Sparkの性能を凌駕（Sparkが70秒から120秒かかる処理をStormとFlinkは1秒未満で実行）しているというデータが示されています．また，StormとFlinkを比較すると，簡単なトポロジーの記述によってFlinkと同等もしくは凌駕するスループットを実現するという点で，Stormが非常に優れていると報告されています．

このようなことも踏まえて，本書では，ストリーミング処理以外もサポートする汎用的な分散処理フレームワークであるSparkと，ストリーミング処理に特に優れているStormを紹介しました．ただし，上記のYahoo!のレポートを含めて，公開されている様々な性能レポートはある特定の状況やセッティングでの性能評価の結果であり，すべての面で特定のフレームワークが優れているというわけではありません．使用するフレームワークを選ぶ際は，これから開発するアプリケーションやサービスに応じて，機能や性能，使いやすさなどの多様な観点を考慮したうえで，最適なものを慎重に選択する必要があります．

常検知，クラスタリングなどの豊富なオンライン機械学習ライブラリを提供しています．また，データの前処理と特徴抽出のための特徴ベクトル変換器や，高い対障害機能を提供しています．さらに，Spark や Python と連携することも可能です．

Mahout と Jubatus は，両者ともに一般的なマシン上で動作が可能なスケーラブルな機械学習向け分散処理フレームワークという点で共通しています．しかし，Mahout が主に Hadoop ベースのバッチ処理の環境を想定しているのに対して，Jubatus はオンライン機械学習を専門としている点で異なります．

4.5 SpatialHadoop

これまでに解説したように，多くのビッグデータ解析フレームワークは，Apache を中心とするオープンソースプロジェクトとして活発に開発されています．しかし，それらのプロジェクトでカバーされていない課題もあります．例えば，地理情報データを効率的に処理する機能が挙げられます．ビッグデータ解析の対象としては，人の地理的分布と移動状況の解析や，Twitter データからのトレンドの地域傾向の分析など，地理的な情報を扱うものも多くあります．そこで，大規模な地理情報を効率的に処理可能なフレームワークの開発が，いくつかの研究グループにおいて進められています．その代表的なものとして，米国ミネソタ大学 Mohamed Mokbel 准教授らによる SpatialHadoop [23] があります．

SpatialHadoop は，**図 4.8** に示すように，Hadoop のアーキテクチャの各レイヤに対して，空間データを処理するための機能を拡張する形で実装されています．SpatialHadoop の大きな特徴は，提供する機能の豊富さです．また，地理空間情報に関する国際的な標準化団体である OGC (Open Geospatial Consortium) が定義している

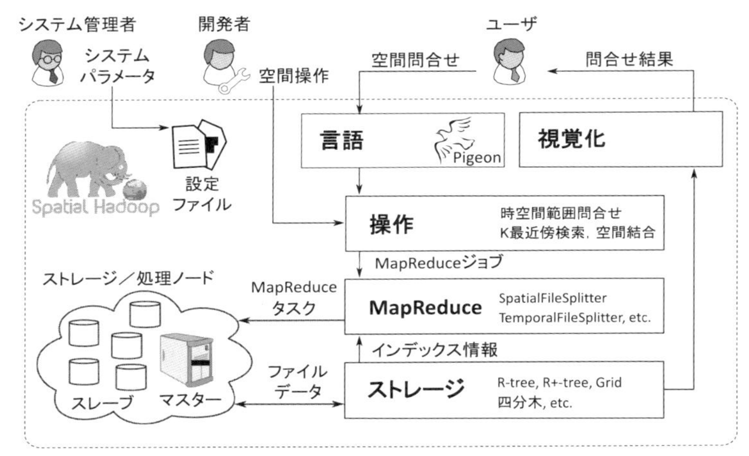

図 4.8　SpatialHadoop のアーキテクチャ

データ型や関数の標準に準拠した，Pigeon という独自の言語を採用しています．

- **Storage（ストレージ）レイヤ:** 空間データの効率的な検索のために，Grid ファイルや R 木，R+木などの代表的なインデックス機能を提供する．
- **MapReduce レイヤ:** Hadoop では，FileSplitter により入力ファイルを n 個の Split に分割するが，SpatialHadoop では上記のインデックスの情報を利用して，SpatialFileSplitter と Temporal-FileSplitter により入力ファイルを分割する．この際，時空間情報を考慮して，不要なファイルブロックの探索を枝狩りし，処理時間の短縮を図っている．
- **Operations（操作）レイヤ:** 時空間データに対してよく用いられる範囲検索，k 最近傍検索，および空間結合処理の機能を提供する．

演習問題

1. Apache ソフトウェア財団によるビッグデータ解析のための分散処理フレームワークである Hadoop (MapReduce), Spark, Storm, Mahout について，それぞれの特徴と違いを簡潔に説明せよ．
2. HDFS におけるネームノードとデータノードの役割について簡潔に説明せよ．
3. Mahout と Jubatus の共通点と違いについて簡潔に説明せよ．
4. Storm を用いてストリームデータ解析を行うことを考える．具体的には，異なる三つの SNS を情報源（三つの Spout）として，それらが生成するデータ（テキストと時刻からなるタップル列）に含まれる著名人名を各人ごとにカウントし，1 時間ごとにカウント数の多い上位 100 名の著名人を出力するアプリケーションを実現する．この際，各 Spout の生成データは大量であるため，複数台のマシンを用いてテキストから著名人名を抽出するものとする．その後，さらに複数台のマシンで抽出結果を集約して，上位 100 位の著名人を 1 時間ごとに出力する．これらの一連の処理を実現するための Spout と Bolt の構成を示せ．

   なお，各処理フェーズでのマシンの台数は適当（2〜3 台）に決めてよい．各ノード（Spout と Bolt）での処理内容と，次フェーズのノード群に渡すデータ（出力とその次ノード群への分配法）について，それぞれノードと枝（矢印）の横に簡単に記すこと．

ビッグデータを支える技術（2）ストリーム処理エンジン

前述のように，超大規模数のサーバによる並列分散処理に適した新たな技術の開発が盛んに行われています．例えば，M2M や IoT などでは各種センサーや監視機器などから連続的に発生するデータ（**データストリーム**）を，アプリケーションなどの要求に応じて取捨選択し，加工するなどしてデータベースに格納することが頻繁にあります．さらに，異常検出などのモニタリングアプリケーションでは，データの到着時にリアルタイムで，特定の値やパターンに合致するデータを発見する必要があります．そのために，データストリームを効率的に処理する技術が必要となります．実際に，前章で紹介した分散処理フレームワークにおいても，Spark や Storm などでストリームを処理するための機能群が提供されています．そこで本章では，（データ）**ストリーム処理**の概要と，代表的な技術を紹介します．

ストリーム処理技術の歴史は，ビッグデータの歴史よりも古く，2000 年前後からデータベース分野を中心に研究開発が活発に進められてきました．その発端は，ちょうど同時期から新しい研究トピックとして注目され始めたセンサーネットワークです．センサーネットワークでは，環境中に設置された多数のセンサーから絶えず（短い時間間隔で）データが生成されるため，そのデータストリームを効率的に処理するための基盤技術が必要と考えられ，データストリーム処理という研究分野が登場しました．

これまでに，単一もしくは複数のデータストリームに対して，指定した条件に合致したデータを効率的に発見するための問合せ処理や，特定のパターンに類似した**時系列データ**をストリームから発見するための類似検索，類似性に基づいて時系列データをグループ化するクラスタリングなど，様々な研究開発が行われてきました．

2010 年代に入り，IoT や M2M を発端とするビッグデータへの注目に伴い，ストリーム処理の重要性がますます高まっています．その中で，**複合イベント処理**（CEP, Complex Event Processing）エンジンと称して，2010 年前後から各種ベンダーが様々な製品を開発しています．代表的な例としては，オラクル社の Oracle CEP，サイベース社（SAP 社が 2010 年に買収）の SAP Sybase Event Stream Processor，日立製作所の uCosminexus Stream Data Platform などがあります．また，オープンソースでは，JBoss コミュニティによる Drools Fusion や PipelineDB チームによる PipelineDB，先に述べた Apache ソフトウェア財団による Storm，Flink などがよく知られています（ただし，Storm や Flink は分散ストリーム処理に重点が置かれているため，一般的な CEP とは少し主眼が異なります．これについては，5.3.2 項において詳述します）．

このように，データストリーム処理は，ビッグデータの隆盛によって最近注目され始めた技術というだけではなく，すでに長い歴史を持つ研究分野でもあります．そのため，すでに基盤となる技術開発が成熟しており，多くの商用システムが登場しています．

5.1 ストリーム処理エンジンの概要

図 5.1 は，ストリーム処理 (CEP) エンジンの一般的な構成を表しています．入力データとしては，ユーザの位置情報や各種センサーデータ，クリックスルー（Web ページ閲覧などにおけるクリック操作列）やクエリのログ，システムログ，さらに金融情報の場合は入出金・取引データ，株価など様々なものが，短い時間間隔で定期的もしくは不定期にシステムに投入されます．ストリーム処理の特徴を以下に列挙します．

- データストリームは通常，絶えず（半永久的に）到着するため，すべてのデータを蓄積するのを待つのではなく，到着する度に処理が行われる．この際，最近の一定数もしくは一定時間に到着したデータ（ウィンドウ）などを単位として処理を行うウィンドウ演算の機能を持つものが多くある．
- ユーザは，到着したデータに対して，どのように処理・分析を行うか（分析シナリオ）を，問合せ（クエリ）としてシステムに指定・登録する．これは，従来のデータベースにおける単発的な問合せとは異なり，データストリームに対して連続的に（絶えず）

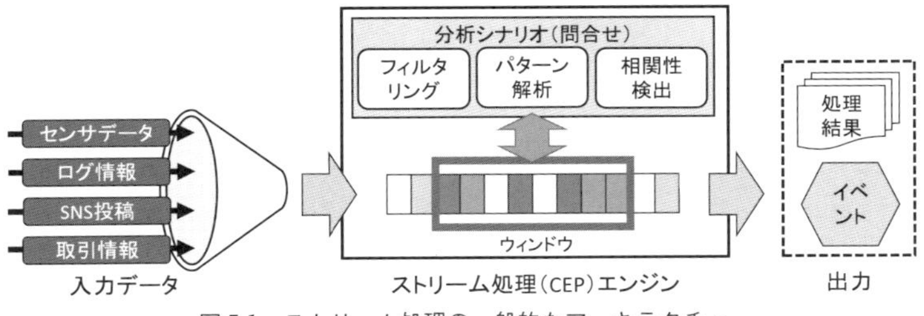

図 5.1　ストリーム処理の一般的なアーキテクチャ

実行されるものであるため，「**連続問合せ**(continuous query)」と呼ばれる．

—連続問合せには，到着したデータの取捨選択（フィルタリング）や，特徴パターン解析，時系列データの類似性判定，相関性抽出など，様々なものが含まれる．

—問合せの記述言語としては，Stanford 大学で開発された CQL (Continuous Query Language) [25] が有名である．CQL は SQL に似た宣言的な記法で，問合せを記述できる．詳細は次節で紹介する．

- データストリームの全てではなく，問合せで指定した条件に合致するもののみがデータベースに蓄積される場合が一般的である．

5.2 CQL

ストリーム処理のための言語として，CQL は最もよく用いられるものの一つです．CQL およびそれをベースとする言語は，上述の Oracle CEP，SAP Sybase Event Stream Processor，uCosminexus Stream Data Platform などで採用されています．特に，オラクル社は，Oracle CQL [26] と呼ぶ CQL の派生言語を独自に開発しています．

また，同様によく用いられる言語として，StreamBase 社（2013 年 6 月に TIBCO Software 社が買収）が開発したストリーム処理エンジン StreamBase [27] で使用されている StreamSQL などがあります．もちろん，CQL と StreamSQL にはいくつかの機能的な違いがありますが，それにも増して共通点が多くありました．そこで，オラクル社と StreamBase 社および Cornell 大学，Stanford 大学の研究者・技術者らによって，両言語の差を埋め，統一的・標準的な言語に拡張するという活動 [28] が 2008 年から行われました．その結果，現在は両言語のいずれを採用していても，実際はそれほど違いはないといってもよいでしょう．

以下では，CQL の概要について説明します．CQL では，データは基本的に関係データベースに格納されることを想定し，SQL を基礎としたデータアクセスを実現します．そのため，以下の説明では，主に関係データベースの用語（テーブル，タップルなど）を使用します．

5.2.1　ストリーム，リレーションの定義

ストリーム S は，S のスキーマに従うタップル s と，そのタップルの生成時刻を示すタイムスタンプ τ の組 $< s, \tau >$ の集合（無限の場合あり）から構成されます．ストリームには，システムに到着するオリジナルなデータストリームである**ベースストリーム**と，演算によって生成される**派生ストリーム**の 2 種類があります．

リレーション $R(\tau)$ は，時刻 τ におけるタップル集合（その瞬間のリレーション）を表しています．従来の関係データベースと比較して，リレーションに時間概念があるのが特徴です．

5.2.2　演算の分類

CQL では，ストリーム処理エンジンがストリームとリレーション（テーブル）の両方を扱うことを想定しているため，演算を以下のように三つに分類します．なお，ストリーム-ストリーム演算がないのは，CQL ではストリームを関係データベースの概念で処理するという思想によるものです．そのため，ストリーム-ストリーム演算は，実際はストリーム-リレーション演算の後，必要に応じてリレーション-リレーション演算が実行され，最後にリレーション-ストリーム演算で処理されることになります．

- **ストリーム-リレーション演算**：ストリームからリレーションを生成する演算．主に，**ウィンドウ演算**（5.2.3 項で詳述）が用いられる．
- **リレーション-リレーション演算**：リレーションからリレーションを生成する演算．ストリーム処理では，一般的にストリームをまずリレーションに変換して，様々な処理が行われる．リレーション-リレーション演算には，SQL における任意の演算を用いることができる．特に，ストリーム処理という性質上，ある条件を満たすデータのみを残すというフィルタ処理が頻繁に用いられる．
- **リレーション-ストリーム演算**：リレーションからストリームを生成する演算．既存の関係データベースのリレーションをストリーム化する場合や，上述の二つの演算によって処理されたデータ（ストリームからリレーションに変換されている）をストリームに戻す場合などがある．CQL では，このための三つの演算として，Istream，Dstream，Rstream（5.2.4 項で詳述）が提供されている．

5.2.3 ウィンドウ演算

ストリームをリレーションに変換するためのウィンドウ演算は，時系列的に継続して生成されるストリームをタイムスタンプ付きのタップル系列と見なし，ある範囲（ウィンドウ）で切り出すことによってリレーション（つまりタップル集合）を生成するという考えに基づいています．また，ストリームに対して継続的に問合せ（連続問合せ）を実行するために，ウィンドウをずらしながら処理を実行する場合もあります．この際，ウィンドウのサイズ（**ウィンドウ幅**）と 1 回ごとにずらすサイズ（**スライド幅**）を指定することができます．

(1)　ウィンドウの種類

CQL におけるウィンドウは，以下の三つのタイプに分類されます．

- **時間ベースウィンドウ**：“S [Range T]” で指定される．クエリの実行時刻（現在時刻）を τ とすると，時刻 $\tau - T$ から τ までの期間に生成されたストリーム S 内の全てのタップルが対象となる．例えば，[Range 30 Seconds] とすると，τ 以前の 30 秒間のタップルが対象となる．特殊なケースとして，[Range Unbounded] と [Now] を指定できる．前者は現在時刻 τ 以前に生成された全タップル，後者はちょうど τ に生成されたタップルが対象となる．
- **タップルベースウィンドウ**：“S [Rows N]” で指定される．ストリーム S において，現在時刻 τ から直近に生成された N 個のタップル（N 個前までのタップル）が対象となる．時間ベースウィンドウと同様に [Rows Unbounded] を指定できる．
- **分割ウィンドウ**：$A_1, \ldots, A_k$ を S の属性の部分集合とすると，“S [Partition By $A_1, \ldots, A_k$, Rows N]” で指定される．このとき，S の直近の N 個のタップルにおいて，$[A_1, \ldots, A_k]$ の属性のみが選択（射影）されたもの（N 個の部分タップル $a_1, \ldots, a_k$）が対象となる．

時間ベースウィンドウとタップルベースウィンドウの例を**図 5.2**(a) に示します．この例では，矢印が時間軸，線上の白丸がストリーム内で生成されたデータ（タップル）を表しています．時間ベースウィンドウとして [Range 30 Seconds] が指定されており，

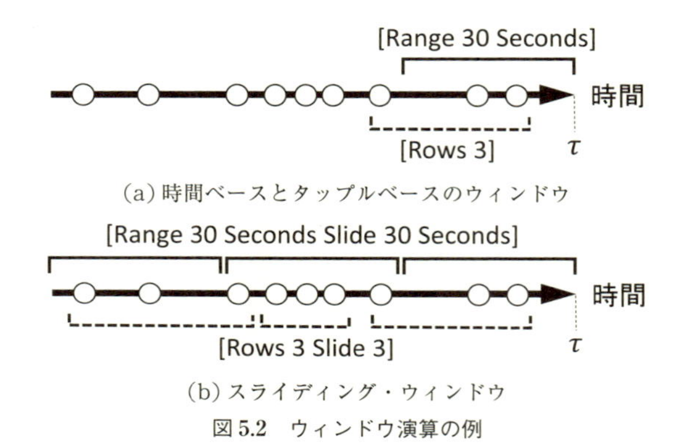

(a) 時間ベースとタップルベースのウィンドウ

(b) スライディング・ウィンドウ

図 5.2　ウィンドウ演算の例

二つのタップルが対象となっています．タップルベースでは [Rows 3] が指定されており，三つのタップルが対象となっています．

(2)　スライディング・ウィンドウ

CQL では，スライドパラメータ（スライド幅）を指定して，ウィンドウをスライドさせながら継続的にストリームをリレーション化できます．時間ベースのウィンドウではスライド幅を時間として，タップルベースではタップルの個数として，指定することが可能です．例えば，時間ベースの場合，“S [Range T Slide L]” と指定すると，ストリーム S において，スライド幅 L ごとにウィンドウ幅 T で該当する全タップルが対象となります．

スライディング・ウィンドウは，ストリームに対して，異常値の監視など，継続的に同じ処理を繰り返す（連続問合せを実行する）際に利用されます．例えば，ストリームとして気温データを収集している場合，気温の異常上昇（火事など）が発生していないかを監視するときなどに用いられます．

スライディング・ウィンドウの例を図 5.2(b) に示します．この例では，時間ベースウィンドウとして [Range 30 Seconds Slide 30 Seconds] が指定されており，時間的に同じサイズの三つのウィンドウによって，現在時刻の直近からそれぞれ二つ，五つ，二つのタップルが対象となります．タップルベースでは [Rows 3 Slide 3] が指定されており，それぞれ三つずつのタップルが含まれる三つのウィンドウに分けられます．このように，時間ベースかタップルベースかのいずれを用いるか，また，ウィンドウ幅やスライド幅の値をどのように設定するかによって，同じストリームが全く異なるリレーションに変換されることになります．

5.2.4　リレーション-ストリーム演算

ここでは，CQL で提供される三つのリレーション-ストリーム演算として Istream，Dstream，Rstream について紹介します．

- **Istream(R)（挿入ストリーム）**：直前の時刻 $\tau-1$ から現在時刻 τ までに，リレーション R に新たに挿入されたタップルが，時刻 τ のストリームデータとなる．
- **Dstream(R)（削除ストリーム）**：直前の時刻 $\tau-1$ から現在時刻 τ までに，リレーション R から削除されたタップルが，時刻 τ のストリームデータとなる．
- **Rstream(R)（関係ストリーム）**：現在時刻 τ においてリレーション R に含まれる全タップルが，時刻 τ のストリームデータとなる．

CQL における簡単な問合せの例を示します．ここでは，ストリームデータ (EnvSensorStr) として，複数の場所に設置されたセンサー (SensorID) が複数の環境データ（温度：Temperature，騒音：Noise，大気汚染：AirPollution）を 30 秒ごとに取得している状況を想定します．つまり，この状況では，30 秒を単位時間と考えています．タップルは，SensorID と全環境データ（Temperature, Noise, AirPollution），タイムスタンプから構成されるものとします．

```
Select Dstream(SensorID)
From EnvSensorStr [Range 30 Seconds]
```

この問合せは，時刻 $\tau-30$ 秒の時点でデータを取得していたセンサーのうち，現在時刻 τ にデータを取得してないセンサー（SensorID）を出力するものです．例えば，故障しているセンサーを検出するために指定する問合せです．

5.3 代表的なストリーム処理エンジン

本章の冒頭で述べたように，2000 年前後から，データストリームを効率的に処理するための基盤技術の研究が盛んに行われるようになってきました．その後，ビッグデータの隆盛の勢いも受けて，ストリーム処理は，ビッグデータ解析の重要な要素技術の一つとして認識され，様々な実用的なストリーム処理エンジンが開発されています．

これらの既存のエンジンは，ざっくり言うと，最初期のものの流れを汲む「集中型」と，Hadoop などの分散処理の影響を受けた「分散型」に分類することができます．

5.3.1 集中型

集中型の大きな特徴は，従来の関係データベースを意識して，データストリームを処理できるように拡張するという方針が取られているものが多い点です．以下では，最初期の集中型のエンジンと，最近の実用化されたものを紹介します．

(1) 最初期（研究レベル）

ここでは，主に管理（マスター）サーバでの集中処理を想定しているストリーム処理エンジンを「集中型」と呼びます．これらのほとんどは，2000 年前後に盛んに研究開発された技術の流れを汲んでいます．つまり，最初期に提案されたストリーム処理技術の多くは，現在でも有効であったといえるでしょう．

最初期の代表的なエンジンとしては，カリフォルニア大学バークレー校による TelegraphCQ，ウィスコンシン大学による NiagaraCQ，ブラウン大学・マサチューセッツ工科大学による Aurora，スタンフォード大学による STREAM などがあります．これらのほとんどは，2000 年から 2003 年の間に研究論文として一流の国際会議で公表されています．そのことからも，ストリーム処理エンジンが当時，研究分野として大きなブームになっていたことがわかります．なお，Aurora は，その著者らが起業した StreamBase 社によって StreamBase という製品として商用化されました．

これらの最初期のエンジンは，それぞれ他者とは異なる特徴を持つものの，基本的なコンセプトや機能，問合せ機構に関しては，上述のものに近く，共通する部分が多いのです．そのため，ここでは個々の既存エンジンの紹介は割愛します．最初期のストリーム処理エンジンについては，データベース分野を中心に様々なサーベイ論文（文献 [29] など）が公表されているので，興味のある読者はそれらを参照いただくのがよいと思います．

(2) 最近（実用化）

本章の冒頭で紹介したように，最近では，オラクル社の Oracle CEP，サイベース社（SAP 社が 2010 年に買収）の SAP Sybase

Event Stream Processor，日立製作所の uCosminexus Stream Data Platform，マイクロソフト社の Microsoft StreamInsight，SQLstream 社の SQLstream Blaze など，多数のストリーム処理（CEP）エンジンが製品化されています．

また，最近のオープンソース化の流れを汲んで，オープンソースのストリーム処理エンジンとして Drools Fusion や PipelineDB [30] が注目されています．特に，PipelineDB は，基本的な機能などは他の商用エンジンとほぼ同様ですが，以下のような大きな特徴があります．

- オープンソースである．そのため，コミュニティによる機能拡張が盛んであり，また開発者が独自の機能を追加実装しやすい．
- オープンソースの関係データベースとして最もよく利用されているものの一つである PostgreSQL と互換性がある．つまり，PostgreSQL 向けに開発されたアプリケーションを，PipelineDB 上でそのまま利用できるため，データベースシステムのリプレースが容易である．また，PostreSQL に慣れている開発者には，習熟のためのハードルが低い．

特に 2 番目の特徴は，これからストリーム処理エンジンの利用を考えている開発者にとって魅力的です．PostgreSQL との互換性を確保するために，PipelineDB は，PostgreSQL の拡張として開発されています．

5.3.2 分散型

分散型のストリーム処理は，Hadoop などの分散処理フレームワークの登場により，特に最近注目されていますが，その考え方自体は，集中型のストリーム処理とほぼ同時期の 2000 年代初頭に提案されています．以下では，最初期の分散型ストリーム処理エンジンと，最近のものについて簡単に説明します．

(1) 複雑なストリーム処理のイメージ

分散型のストリーム処理の本題に入る前に，まず一般的なストリーム処理について簡単に説明します．5.3.1 項までに紹介したストリーム処理エンジンは，実際にアプリケーションにおいて単独で使用される場合もありますが，複数のストリームを入力とする複雑なアプリケーションでは，複数の処理エンジンが使用される場合が多くあります．

つまり，一般的なストリーム処理は，**図 5.3** のように DAG（Directed Acyclic Graph，有向非巡回グラフ）で表されます．DAG の各ノードが処理ノード (PE: Processing Element) で，有向枝が処理の流れ（依存関係）を表しています．処理ノードは，論理的なノードですが，一般的には一つのストリーム処理エンジンと考えればいでしょう．有向枝は，処理の依存関係と同時に，ストリームや処理のトリガなど，データやメッセージの流れを表しています．勘のいい読者は，この図が 4.3 節で紹介した Storm のトポロジー（図

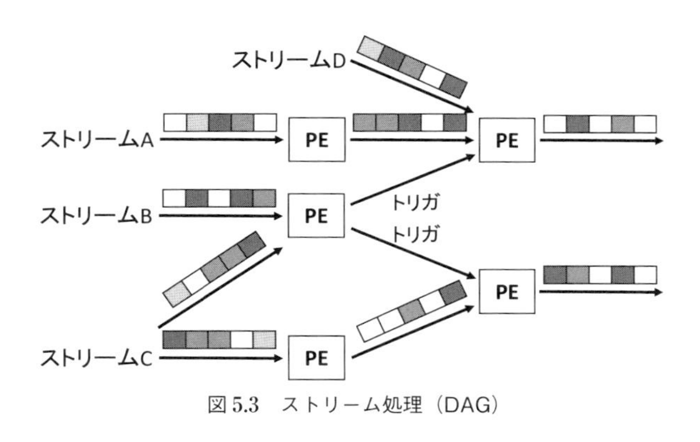

図 5.3　ストリーム処理（DAG）

4.7）と類似していることに気が付くでしょう．これらの二つの図は，ほぼ同じものを表しています．

(2) 最初期（研究レベル）

ストリーム処理と分散処理の相性は，実はかなり良いといえます．それは，ストリーム処理がもともと，複数のセンサーやIoTデバイスなどから生成される大量のデータを，図5.3のように多段のステージで効率的に処理することを目指しているからです．つまり，以下のような特徴があります．

- データそのものが大量であるため，分散処理の対象として適している．
- データ発生源が，そもそも地理的・システム的に分散している．

前者は，本書のテーマであるビッグデータそのものであり，Hadoopなどの分散処理フレームワーク上で処理する対象として，よくマッチしています．後者は，2000年前後から注目されているサーバレスの分散処理パラダイムであるPeer-to-Peer（P2P）システムや，最近の流行である**エッジコンピューティング**（edge computing）の考え方に基づいて処理することの有効性を示唆しています．つまり，大規模なデータ（サービス）を一つのサーバで集中処理するよりも，複数のノード（特に末端ノード（エッジ））で処理する方が処理時間，負荷分散，スケーラビリティなどの観点から効率的である場合が多くあります．図5.3で言えば，異なるPEを異なるノードに分散したり，個々のPEの処理も複数のノードに分散することが可能です．

このような事実から，分散型ストリーム処理に関する研究は，2000年代初頭という早い時期から盛んに行われています．最初期の分散型ストリーム処理エンジンとして代表的なものに，ジョージア工科大学による PeerCQ [31] やブラウン大学・マサチューセッツ工科大学らによる Borealis [32] があります．PeerCQ は，ストリーム処理と P2P システムの考え方を融合したもので，負荷の重いストリーム処理を効率的に分散処理することに重点を置いています．また，Borealis は，Aurora を分散システム向けに拡張したものです．具体的には，Borealis では Aurora をベースとして，どのように処理を分割し，どのノードに割り当てるかなどを決定する分散処理向けの機能が追加されています．

(3) 最近（実用化）

最近では，Hadoop を中心とするビッグデータの分散処理フレームワークの充実に伴い，ストリームを分散処理するためのフレームワークの開発も進んでいます．本書でもすでに紹介した Storm や Spark，Flink などがこれに該当します．これらはすでに紹介済みのため，ここでは説明を割愛します．なお，最近では，上記で紹介した集中型のストリーム処理エンジンの多くでも，分散型と同様の機能が拡張されたり，Storm や Spark などの分散処理フレームワークと簡単に連携するための機能が提供されたりしています．

上記の王道的な分散型のストリーム処理フレームワークとは別に，少し視点の異なるプラットフォームも登場しています．代表的なものに，Treasure Data 社の fluentd や，Apache ソフトウェア財団による Kafka があります．Storm や Flink などが複雑なストリーム処理を効率的に並列分散処理することに念頭を置いているのに対して，これらのプラットフォームでは，その前処理に着目しています．つまり，複数のデータ発生源からのストリームを受信し，適切に前処理して，処理ノード（ストリーム処理エンジン）に配送

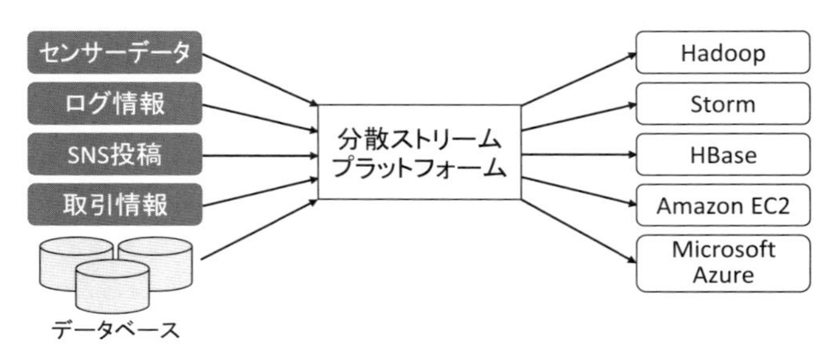

図 5.4　分散ストリームプラットフォーム

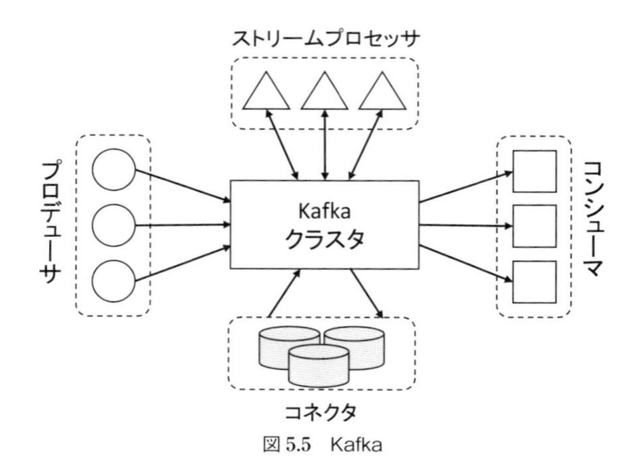

図 5.5　Kafka

するためのプラットフォームです．また，処理結果を要求者（アプリケーションなど）に返送する機能を備えているものもあります．

このような分散ストリームプラットフォームのイメージを**図 5.4**に示します．このようなプラットフォームにより，各アプリケーション開発者が個別にデータを収集し，前処理したうえで，解析用のノードに配送するといった煩雑な処理プログラムを記述する必要がなくなるため，開発の効率が大幅に向上します．もう少し詳しく説明すると，例えば Kafka では，プロデューサ API，コンシューマ API，ストリーム API，コネクタ API を提供することで，**図 5.5** に示すように，プロデューサ（ストリームを生成），コンシューマ（ストリーム・アプリケーションを利用），ストリームプロセッサ（ストリームを処理），コネクタ（既存のアプリケーションやデータベースとの接続）から構成されるシステム・サービスを容易に構築できます．

演習問題

1. ストリーム処理エンジンでよく用いられる「連続問合せ」について簡潔に説明せよ．
2. 連続問合せを記述する言語として，CQL（Continuous Query Language）がよく用いられる．CQL においてストリームをリレーションに変換するためのウィンドウ演算について三つの種類を挙げ，それぞれを簡潔に説明せよ．
3. CQL においてリレーションをストリームに変換するための演算について 3 種類を挙げ，それぞれを簡潔に説明せよ．
4. 5.2.4 項で示した CQL の問合せ例と同じストリームデータを想定し，下記に示す問合せを CQL によって記述せよ．
   a. 単位時間（30 秒）ごとに，現在，稼働している（故障していない）センサーをすべて出力する．
   b. 単位時間（30 秒）ごとに，直前の単位時間から新たに追加されたセンサーデータのうち，温度が 30 度以上のものをすべて出力する．

6

ビッグデータを支える技術 (3)
NoSQLデータベース

前章までに紹介したような，生成される大規模データを効率的に処理する技術だけではなく，データを効率的に蓄積・管理するデータベース技術も重要となります．これまで，大規模データの管理には，**関係データベース**と SQL を用いることが一般的でした．そこでは，表形式で表現されるデータに対する書込みと読出しをバランスよく効率的に処理し，かつ，それらのデータ操作に対する ACID 特性（後述）を厳密に保証することに重きが置かれていました．しかし，データやその発生源，用途が多様化した現在では，従来の関係データベースの技術では十分な機能・性能を得られない場合があります．特にビッグデータ解析においては，データを大量に蓄積して一気に解析する場合が多く，さらにそのデータ自体も単純な文字列や文書（ドキュメント）から，SNS などの複雑なグラフデータなど様々なものがあり，このような特徴を考慮したデータベース技術が必須となります．

前章で紹介した HDFS は，MapReduce による分散型のバッチ処理を効率的に行うためのファイルシステムであり，基本的にデータ解析の際のデータ読出し・転送の性能を最大化することに主眼を置いています．一方で，蓄積されたビッグデータに対して，分散処理によるバッチ的な解析だけではなく，様々なデータ処理を効率的に実行することが求められるアプリケーションも多く存在します．この際，上記のように従来の関係データベースとSQLでは十分な性能が出ない場合が多いことから，最近では“Not Only SQL (NoSQL)”と称して，多種多様なデータベースが開発されています．つまり，NoSQLは特定のデータベースを指すのではなく，そのようなデータベース全般の総称です．

NoSQLでは，アプリケーションの要求に応じて，蓄積されたデータに対するデータ読出し・書込みの操作や，その整合性などが考慮されています．なお，よく間違われるのですが，HDFSやMapReduce自体はNoSQLとは呼べません．ただし，HDFS上にNoSQLを構築することは可能で，実際にHBaseがその代表例です．以下では，NoSQLが登場した背景について解説し，その後，数多くあるNoSQLデータベースの分類について概説し，いくつかの代表的なNoSQLデータベースを紹介します．

6.1 NoSQLが登場した背景

関係データベースとSQLは，長年に亘り商用システムを中心として，世の中の多くのシステムの根幹を支えてきました．これは，その長所である「**スキーマ**定義がしっかりしている」，「**正規化**と**結合処理**によって無駄や情報欠損がなく表形式で対象を表現できる」，「処理の一貫性（consistency）を含む**トランザクション**のACID特性が保証される．また，複製間のバージョンの同期を取ることが可能である」といった特徴が，高いデータアクセス性能と信頼性を実現しているためです．

ところが驚くことに，このような一見素晴らしい長所が，ビッグデータの処理では弊害となる場合があるのです．具体的には，下記のような弊害を生じてしまいます．

- **問題 1　静的なスキーマ定義の困難さ**：様々な情報源からデータが生成される環境では，あらかじめスキーマを定義するのが困難な場合が多く，柔軟性・拡張性の面で問題がある．
- **問題 2　正規化，結合処理の高負荷**：正規化によって，対象を複数の表に分けて表現し，結合処理によって再現することは，ビッグデータでは負荷が非常に大きい．特に，ビッグデータの分散処理のために，データを水平分割（タップル・レコード単位で分割）して大規模数のサーバに分散配置することが多いが，まず正規化によって分割された表を結合する必要があり，このための負荷が膨大となる．
- **問題 3　厳密な ACID 特性の実現の高負荷**：大規模な種類のデータに対してその複製を大規模数のサーバに分散配置することが多いため，それらのバージョンの同期や処理の一貫性を含む ACID 特性の実現を完全に保障することの負荷が非常に大きく，システム全体の性能を低下させる原因となる．

以上のような問題点を解決するために，様々な NoSQL データベースが開発されています．

6.2 トランザクション，ACID 特性と CAP 定理

話が若干逸れてしまいますが，NoSQL データベースを議論する上で重要な概念である「トランザクション」，「ACID 特性」，「CAP 定理」について解説したいと思います．

データベースにおいて，トランザクションは無視することのできない概念です．トランザクションは，データに対する最小の論理的操作の単位を指し，その信頼性を定義する概念として ACID 特性があります．ACID 特性は，**原子性**（atomicity），**一貫性**（consistency），**独立性**（isolation），および**永続性**（durability）からなります．

- **原子性（A: atomicity）**：トランザクションにおいて，それに含まれる操作は，全て実行して完了するか，全く実行されずに完了するかのいずれかであることを保証する．つまり，トランザクションに含まれる操作がデータベースの状態に中途半端に影響することはない．
- **一貫性（C: consistency）**：トランザクション開始時および終了時の両方の状態が，データベースで定義された整合性（正しい状態）を満たすことを保証する．
- **独立性（I: isolation）**：トランザクションに含まれる操作の過程が，他のトランザクションから隠蔽される（独立している）ことを保証する．つまり，並行して実行される複数のトランザクションが存在する場合でも，それらが各々，順番に実行された場合と結果が等しくなる．この性質は，**直列可能性**と呼ばれる．
- **永続性（D: durability）**：完了したトランザクションの結果が失われない（永続する）ことを保証する．つまり，システムに障害が発生した場合でも，結果は失われない．

NoSQL データベースの多くは，このような ACID 特性を独自に緩和したり，部分的にのみ保証することで，ビッグデータ処理に要求されるデータアクセス性能の達成を試みています．その具体的な例については，6.4 節において，代表的な NoSQL データベースの説明中に紹介します．

ここで，分散システムの信頼性を測るための重要な概念として，CAP 定理 [33] があります．CAP は，それぞれ以下の性質の頭文字に対応します．

- **Consistency**（C: 一貫性）：全てのデータ読出しが，最新のデータを読むことができる（もしくは失敗に終わる）．
- **Availability**（A: 可用性）：ノード障害などにより一部のノードの機能が失われても，生存ノードによって処理が継続される．つまり，単一障害点が存在しない．
- **Partition-tolerance**（P: 分断耐性）：通信障害などにより，動作可能なノード群が複数のグループに分断されても，正しく動作する．

CAP 定理は，分散システムにおいて，これら三つの全てを満たすことはできず，最大でも二つしか満たせないというものです．この定理は，データベースシステムだけではなく，分散システム全般に当てはまるものです．一般に，関係データベースが C と A のみを満たしていることから，それと NoSQL データベースを差別化するために，CAP 定理に基づく比較がよく用いられます．具体的には，NoSQL データベースの多くでは，C を犠牲にして，A と P を重視しています．

本書では，議論が煩雑になることを避け，信頼性に関する記述は CAP 定理を用いず，主に ACID 特性に基づいて行います．

6.3 NoSQL データベースの分類と特徴

NoSQL の分類にはいくつか異なる方法がありますが，その代表的な一つとして，**キーバリュー型**，**列指向型**，**ドキュメント指向型**，**グラフ指向型**に分類するものがあります [1]．これは，特に

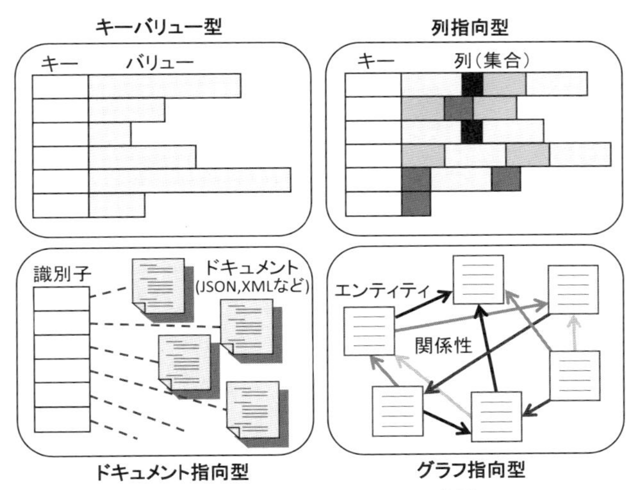

図 6.1　NoSQL データベースの分類

表 6.1　NoSQL データベースの例

型	代表的な NoSQL データベース
キーバリュー	Amazon DynamoDB, Redis, Hibari
列指向	Apache HBase, Apache Cassandra
ドキュメント指向	MongoDB, Apache CouchDB
グラフ指向	Neo4j, InfiniteGraph

データを保存・管理する形式（データ構造）に注目した分類法です．各型のデータ構造のイメージを，**図 6.1** に示します．さらに，各型に属する代表的な NoSQL データベースを**表 6.1** に示します．以下では，各型の特徴について，上記の問題と対応付けて議論します．なお，問題 3 については，各 NoSQL データベースによって対応が様々であり，想定するアプリケーションに応じて，ACID 特性の厳密性を緩和したりすることで対応しています．そういう意味では，データ構造のみによる分類は，ACID 特性の観点からは，十分

ではないといえるでしょう.

6.3.1 キーバリュー型

キーバリュー型は，データをキーとバリュー（値）の組という単純な構造で表します．バリューがデータ本体で，キーがその識別子のようなイメージです．バリューで扱うデータは数値や文字列など様々ですが，構造を持つデータもバリューとしてひとまとめになるため，一般に，構造を意識した処理には対応できません．そのため，キーを用いてデータを参照し処理を行う，キーに従ってデータをサーバに配置するなどといった単純な処理を対象とする場合に用いられます．構造を意識しないという特徴から，上記の問題1と2を解消しています．

つまり，この分類のデータベースでは，SQLのように型を指定した複雑な問合せによってデータアクセスを効率的かつ安全に実行する利点を捨て，大量のデータに対する単純な処理を超並列分散するために，キーとバリューのみという単純なデータ構造を選択しているのです．

6.3.2 列指向型

前項で紹介したキーバリュー型はさすがにシンプルすぎるということで，バリューをより高度化した列志向型（カラム指向型ともいう）のNoSQLデータベースが登場しました．現在では，列指向型は，NoSQLデータベースの主流の一つといえるでしょう．

列指向型は，キーバリュー型を拡張して，バリューに複数の列（カラム）を持てるようにしたものです．ただし，関係データベースとは異なり，データごとに列の数や属性（列名）は動的に決定できるものが一般的です．キーバリュー型の特徴を概ね継承しているため，問題1と2を解消しています．さらに，カラムの属性を指定したデータの読み書きや検索，集約処理などが可能となるため，キーバリュー型と比べて，より多くのアプリケーションでの利用が可能となります．

6.3.3　ドキュメント指向型

ビッグデータ解析の対象となるデータの多くは，特定のアプリケーションにおいて生成，収集，利用されているものが多く，それらはXML（eXtensible Markup Language）やJSONなどの特定の言語によって記述されていることが一般的です．そこで，ドキュメント指向型のNoSQLデータベースが登場しました．

ドキュメント指向型は，XMLやJSONなどの言語によって記述されたドキュメントをデータとして扱うことが可能であり，各データには一意の識別子が付与されます．一般に，該当する記述言語の仕様に従い，各データへの読み書き・処理等を行うことが可能です．これらの言語に応じて，柔軟にデータを記述できるため，前述の二つの型と同様に，上記の問題1および2を解消しています．

6.3.4　グラフ指向型

ビッグデータ解析の対象となるデータは多種多様であり，最近では，SNSにおけるユーザ同士の関係などのように，グラフ構造で表現されるものが増加しています．このようなグラフ構造のデータを，表形式の関係データベースで表現しようとすると，データ間の関係を複数の表の共通属性などで表し，結合処理等によって再現する必要があります．この場合，グラフ構造を再現するだけで，大量のデータに対する大規模数の結合処理が必要となるため，現実的ではありません．

そこで，グラフ指向型の NoSQL データベースが登場しました．グラフ指向型では，対象を複数のノード（エンティティ）とノード間の枝（関係性）としてグラフ構造で表現します．エンティティと関係性は属性を持ち，それぞれ具体的にどのようなものかを表しています．グラフ指向型の NoSQL データベースは，上述のような SNS におけるユーザ同士の関係の解析などによく用いられます．グラフ指向型は，このような関係を直接的に表現できるため，上記の問題 2 を解消することが可能です．なお，問題 1 を解消できるかはノードの表現方式に依存します．

6.4 代表的な NoSQL データベース

前項で紹介した NoSQL データベースの分類は，あくまでデータ構造をベースとした一般的な特徴を示しただけであり，もちろん，細かな特徴は個々のデータベースによって異なります．ここでは，いくつかの代表的な NoSQL データベースについて簡単に紹介します．

6.4.1 Redis：キーバリュー型

Redis [34] は，キーバリュー型の NoSQL データベースとして代表的なものの一つです．Redis では，単純なバリュー（スカラー値や文字列など）だけではなく，リストや集合など構造を持つデータをバリューとして扱うことができます．Redis は，Redis Labs によってオープンソースとして開発が進められています．主な特徴を以下に示します．

(1) Publish/Subscribe (Pub/Sub) モデル

Redis は，Pub/Sub モデルのメッセージの送受信の機能を提供しています．Pub/Sub モデルでは，クライアントは要求 (interest) を登録（Subscribe）します．データサーバや他のクライアントからその要求にマッチするメッセージが投稿（Publish）された場合に，そのメッセージが要求を登録したクライアントに送信（Push）されます．

(2) 高速なデータの書込みと読出し

Redis では，データベースの内容は基本的にメモリ上で管理されます．そのため，高速にデータの書込み・読出しを実行できます．もちろん，メモリ上のみで管理していると，システム障害などでデータが損失するため，ディスク上への永続化処理が行われます．

永続化処理としては，一定時間が経過するたび（例えば 60 秒ごと）や，一定数の書込み・更新操作が実行されるたび（例えば 1000 回ごと）など，一定間隔に実行する方法があります．この方法では，永続化処理が実行される前に，システム障害が発生すると，前回の永続化処理後に事項された内容が失われます．

そこで，上記の方法以外にも，書込み操作のログを，操作が実行されるごとに追記専用のディスク領域に書き込む方法があります．この方法は，書込み時の処理遅延が若干大きくなるという欠点があります．

(3) データの分散配置（シャーディング）

データ（キー空間）を分割して Redis インスタンスとして複数のノードに割り当てることができます．その分割方法としては，ハッシュなどが用いられます．

(4) トランザクションと楽観的ロック

Redis にはトランザクションの概念が存在します．具体的には，複数の操作をまとめて，トランザクションを形成することが可能です．トランザクションを一つの操作群と見なすことで，処理の独立性や一貫性等を保つことができます．ただし，トランザクションの途中で操作の実行に失敗したとしても，関係データベースのようなロールバックは行われません．そのため，本来のトランザクションの考え方に反して，中途半端な状態がそのままになってしまいます．

また，Redis では WATCH という**楽観的ロック**を用いて，データ操作の独立性などを実現します．具体的には，トランザクションで処理を行う全てのキーを WATCH し，それらがトランザクションの実行中に変更された場合，トランザクションをアボートします．つまり，関係データベースのような排他的なロックは行われません．このようなシンプルなロック機構を用いることで，データ操作の並列実行性を向上しています．

(5) キーの有効期限の設定

Redis では，キーの有効期限を設定することが可能です．有効期限を過ぎると，そのキーを持つデータはシステムから削除（無効化）されます．

(6) レプリケーション

Redis は，単純なマスタースレーブ型の非同期レプリケーション機能を提供しています．マスターで実行された更新操作は，定期的にスレーブに送信されます．マスターの複製は，スレーブの複製が更新処理を行っている最中も，ノンブロッキングで処理を実行することができます．

(7) 二次インデックス

Redis は，構造を持つデータをバリューとすることができるため，構造化データに対してインデックスを構築できれば，高速な検索を実現できます．そこで Redis では，単純な一次元データのソート型のインデックスや，多次元データを一次元化するインデックスなどを構築する機能を提供しています．

(8)　ACID 特性

Redis は，完全に ACID 特性を保証するデータベースではありません．Redis における ACID 特性を以下に示します．

- **原子性**：個々のキー（データ）単位では原子性を満たしている．また，トランザクションの概念があるため，常にトランザクションを実行し，成功に終わる場合は，データベース全体としての原子性を保つことができる．しかし，トランザクションが失敗した場合にもロールバック処理が行われないため，原子性は厳密には保たれない場合がある．
- **一貫性**：レプリケーションを行っていない状況で，ロックやトランザクションを実行している場合は，一貫性を保持できる．しかし，レプリケーションを行っている場合，スレーブの複製は非同期でしか更新されないため，古い複製を読み出し，一貫性が損なわれる場合がある．
- **独立性**：トランザクションを利用している状況では，独立性が保証される．トランザクションを利用していない状況では，キー単位での独立性は保証される．
- **永続性**：定期的な永続化処理を行っている場合は，データ操作が部分的に失われる可能性がある．そのため，完全な永続性は保証できない．一方，操作ログの永続化を行っている場合は，永続性が保証される．

6.4.2 HBase：列指向型

HBase [35] は，Google が開発した BigTable をモデルとし，Hadoop に BigTable の機能を提供することを目的として，Apache のトップレベルプロジェクトとして開発されている列指向型の NoSQL データベースです（つまり，HDFS 上で動作する NoSQL データベース）．HBase では，データをテーブルとして管理し，テーブルは複数の行 (row) から構成されます．各行は，一つの行キー (row key) と複数の列 (column) から構成されます．HBase は，他の NoSQL データベースと同様に，多様な機能を有していますので，特にデータ管理手法に着目して，その特徴を概説します．

(1) 行

テーブル内の行は，行キーのアルファベット順でソートされます．これにより，似たキーを持つ，つまり関連性の高いキーを持つ列を近くに配置することができます．その特徴を生かすために，例えば Web サイトの URL をキーとして用いる場合は，ドメインが近い行（データ）が近くに配置されるように，ドメインを逆に記載することが多くあります．例えば，HBase の Web サイトの場合，“org.apache.hbase” とされます．

(2) 列

各列は，特定の**列ファミリー** (column family) と**列クオリファイヤ** (column qualifier) に属し，これらはデリミタと呼ばれるコロン (:) を挟んで記述されます．簡単に言うと，列ファミリーは列の名前（属性），列クオリファイヤは修飾子 (index) のようなものです．

列ファミリーは，テーブル生成時に定義する必要があります．各テーブル内で，全ての行は同じ列ファミリー集合から構成されます．各列ファミリーに対して，ストレージに関する指定を行うことができ，例えば値がメモリにキャッシュされるか否か，データが圧縮されるか否か，行キーが暗号化されるか否かなどを指定できます．同じ列ファミリーに属する列集合（列ファミリーメンバー）は，ファイルシステム上で物理的に連続した領域に格納されます．つまり，列ファミリーメンバーは，ある種のグループと見なすことができます．

列クオリファイヤは，列ファミリーの修飾子として付与されます．例えば，“content” という列ファミリーに対して，“content:pdf” や “content:html” などのように列クオリファイヤが加えられます．列ファミリーは，テーブル生成時に静的に定義されますが，列クオリファイヤは変更可能であり，各行で異なるものを指定可能です．

図 6.2 は，あるテーブル (TopNews) の一部を表現したものです．このテーブルの内容を表形式で表したものが**表 6.2** です．

(3) セル (cell)

セルは { 行，列，バージョン } のタップルで指定されます．バージョンは，タイムスタンプ (time stamp) で表現されます（デフォ

表 6.2 HBase のテーブル例：TopNews（表形式）

行キー	タイムスタンプ	列ファミリー (content)	列ファミリー (author)	列ファミリー (topic)	…
jp.co.google.news	1279871384032	<html>:…	XXXXXX	sports	…
jp.co.google.news	1277390023200	<html>:…	AAAAAA	economics	…
jp.co.google.news	1273489056704	<html>:…	YYYYYY	politics	…
⋮					
jp.co.yahoo.news	…	…	…	…	…
⋮					

```
{
  "jp.co.google.news": {
    contents: {
      1279871384032: content:html: "<html>:..."
      1277390023200: content:html: "<html>:..."
      1273489056704: content:html: "<html>:..."
      ...
    }
    author: {
      1279871384032: author: "XXXXXX"
      1277390023200: author: "AAAAAA"
      1273489056704: author: "YYYYYY"
      ...
    }
    topic: {
      1279871384032: topic: "sports"
      1277390023200: topic: "economics"
      1273489056704: topic: "politics"
      ...
    }
    ...
  "jp.co.yahoo.news": {
    ...
  }
}
```

図 6.2　HBase のテーブル例：TopNews

ルトでは書込み時間).

(4)　基礎的なデータ操作群

HBase では，基礎的な四つのデータ操作として，Put，Get，Scan，Delete を提供しています.

- **Put:** テーブルに新たなデータを追加する．新たなキーの場合は，新しい行を追加し，既存のキーの場合は，新しいバージョンを追加する．特定の列を指定してセルを追加することもできる．

（例）　put 'TopNews', 'jp.co.google.news', 'content:html', '<html>:...', 'author', 'BBBBBB', 'topic', 'entertainment'

- **Get:** テーブルに存在するキーで指定された行のデータを返す．キーに加えて，列名やタイムスタンプを指定することができる．

（例）　get 'TopNews', 'jp.co.google.news', {COLUMN=>'topic:', TIMESTAMP=>1277390023200}

- **Scan:** テーブル内の全データを返す．条件として，列名やキーの範囲，タイムスタンプ，値，返信データ数などを指定できる．

（例）　scan 'TopNews', {TIMESTAMP=>1277390023200}

- **Delete:** テーブルからキーで指定された行のデータを削除する．デフォルトでは最新バージョンが削除される．キーに加えて，タイムスタンプが指定されている場合は，最新ではなく指定されたバージョンのデータが削除される．行全体だけではなく，特定の列を指定してセルを削除することもできる．

（例）　delete 'TopNews', 'jp.co.google.news'

(5)　高速なデータの読出し・書込み

HBase では，データが行キーでソートされているため，行キーを指定した読出し操作を非常に高速に実行できます．また，条件を指定する Scan についても，後述の二次インデックスなどの技術によって，高速に処理可能です．

一方，行キーでソートされるという性質上，書込みを高速に実行するためには，いくつかの工夫が必要です．これを実現するために，HBase では memstore と WAL（Write-Ahead-Log）というデータ構造を用いています．具体的には，書込みはメモリ上の memstore に対して実行され，memstore 内では行キーに従ってデータがソートされます．まずメモリ上で書込み操作を処理することで，高速な実行が可能となります．memstore 内のデータが，一定以上溜まったら，ディスクに書き込まれます．ここで，システム障害時などに書込み内容が失われる（永続性が損なわれる）ことを防ぐために，書込み操作が実行されるたびに，その内容が WAL に記録されます．

(6) データ分散（シャーディング）

HBase では，大量のデータを扱う場合に，複数のノード（マシン）にデータを分散（**シャーディング**）することができます．行キーがソートされているという性質は，シャーディングにも有効に働きます．つまり，行キーの範囲に応じて，簡単に各ノードのデータの割当てを決定（例えば，ノード A には行キーの XXXX～YYYY までなど）することが可能です．

(7) レプリケーション

Hbase は，Redis と同様にマスタースレーブ型の非同期レプリケーション機能を提供しています．マスターの複製は，スレーブの複製が同期処理を行っている最中も，ノンブロッキングで処理を実行することができます．

(8) 二次インデックス

Hbase では，データアクセスの高速化のために二次インデックスを作成できます．書込み時の処理として，定期的にインデックスをメンテナンスする仕組みや，書込み操作と同期する仕組みなどが提供されています．

(9)　ACID 特性

HBase は，ACID 特性を完全に満たすデータベースではありません．しかし，以下に示すように部分的な ACID 特性を有しています．

- **原子性**：データベース全体での原子性は満たしていないが，行単位の原子性を満たしている．
- **一貫性**：原子性と同様に，基本的に行単位の一貫性を満たしている．ただし，レプリケーションを行っている場合，スレーブの複製は非同期でしか更新されないため，古い複製を読み出し，一貫性が損なわれる場合がある．
- **独立性**：基本的に，行単位の独立性を満たしている．テーブル単位の Scan では，従来のデータベースで一般的に要求されるスナップショット独立性（snapshot isolation）は満たしていない．スナップショット独立性とは，複数のデータの読出し時には，処理を開始した時点でのバージョンが統一的に返される性質である．HBase では，関係データベースにおける “read committed” と呼ばれるより緩い独立性を満たしており，Scan 時には，返される各行のバージョンは，Scan 開始時よりも新しいことが保証される．
- **永続性**：処理が完了したデータは，永続性が保証される．

6.4.3　Cassandra：列指向型

Cassandra [36] は，もともとは Facebook 社において自社サービスの大規模なデータ管理のために開発された NoSQL データベースであり，現在はApacheのトップレベルプロジェクトとして開発が進められています．Cassandraは，列指向型のNoSQLの一種ですが，データ構造自体はそれほど特別ではなく，ベーシックな構成です．むしろ，マシン（ノード）の構成・管理に特徴があり，高いスケーラビリティや耐障害性を実現しています．以下に，Cassandraの特徴を説明します．

(1) データ構造

Cassandraでは，関係データベースのデータベースに近いものとして，**キースペース**というデータ構造を持ちます．キースペースは，**列ファミリー**（複数の列をグルーピングしたもの．関係データベースのテーブルに近い）とインデックスを格納する空間であり，レプリケーションが定義される単位でもあります．行は，キーと複数の列から構成されます．列は，データの最小単位であり，名前と値，タイムスタンプから構成されます（HBaseよりもシンプルです）．データ構造のイメージを**図6.3**に示します．

(2) 高速な書込み方式

Cassandraでは，**図6.4**に示すように，データの書込みが行われると，その操作がディスク上のコミットログに記録されるとともに，メモリ上のmemtableに書き込まれます．memtable内のデータの量が設定されたしきい値を超えると，ディスク上のSStableにまとめて書込み（フラッシュ）が行われます．この際，それまで記録されていたコミットログは，不要となり破棄されます．このように，基本的に書込み対象のデータをメモリ上に記憶することで，非常に高速な連続書込みなどを可能としています．また，SStableにおいてデータの存在の有無を簡単にチェックする機能として，ブルームフィルタというデータ構造をメモリ上で管理しています．

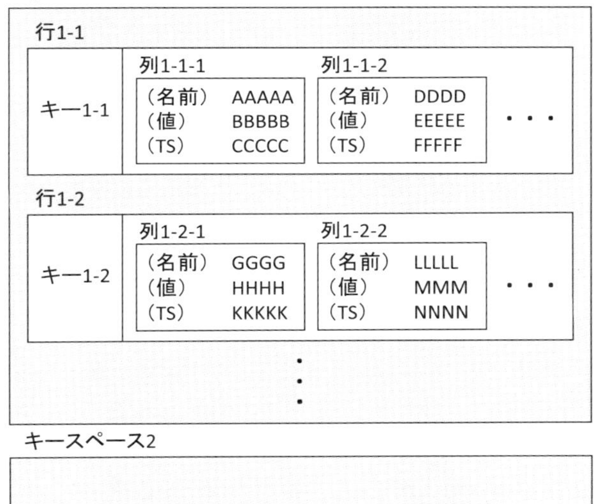

図 6.3　Cassandra のデータ構造

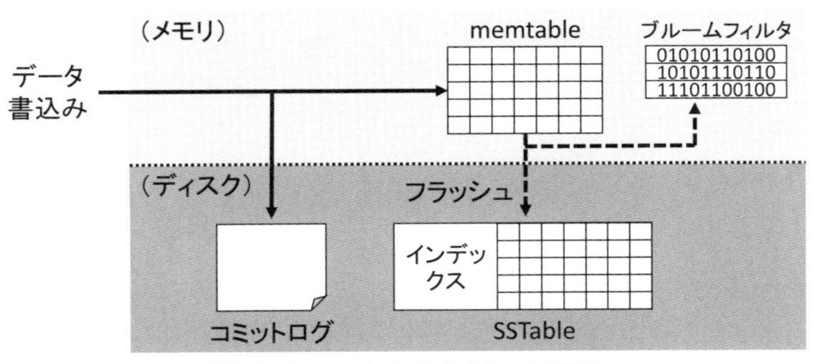

図 6.4　Cassandra におけるデータ書込み

一度，SSTable に書き込まれたデータは，基本的に不変であり，後に追加で書き込まれたり，変更されることはありません．そのため，特定のデータの更新などが発生した際には，そのデータの更新記録が保存されます．そして，定期的に**コンパクション**(compaction) という処理を行い，古い（更新されたデータを含む）SSTable を新しい SSTable に置き換えます．

Cassandra では，しきい値の設定により，SSTable のサイズを柔軟に設定できます．これは，論理的な一つのデータの塊（カラムファミリー）を物理的に複数の SSTable で管理できることを意味しており，複数のマシン（ノード）への分散配置や並列処理など行う際に有効となります．

(3)　高速な読出し方式

データを読み出す際には，まずメモリ上で管理されているブルームフィルタを調べ，対象となるデータが格納されている可能性のある SSTable を絞り込みます（第 1 ステップ）．その後，絞り込まれた SSTable を調べて，ある SStable に対象となるデータが存在する場合は，そのデータを返します（第 2 ステップ）．

ここで，ブルームフィルタはメモリ上にあるため，第 1 ステップの処理は非常に高速に実行可能です．また，実際に調べる必要がある SSTable の数が極少数に絞られるため，ディスクアクセスを最低限に留めることが可能です．その結果，非常に高速な読出しが可能となります．

(4)　リングアーキテクチャ

Cassandra の大きな特徴の一つとして，他の多くの NoSQL データベースが採用しているマスター・スレーブ型のアーキテクチャではなく，**図 6.5**(a) が示すようなリング型のアーキテクチャを採用しています．全てのマシン（ノード）が同等の役割を担うため，ノードの追加・削除が容易であり，また単一障害点が存在しないという大きな利点があります．そのため，スケーラビリティや耐障害

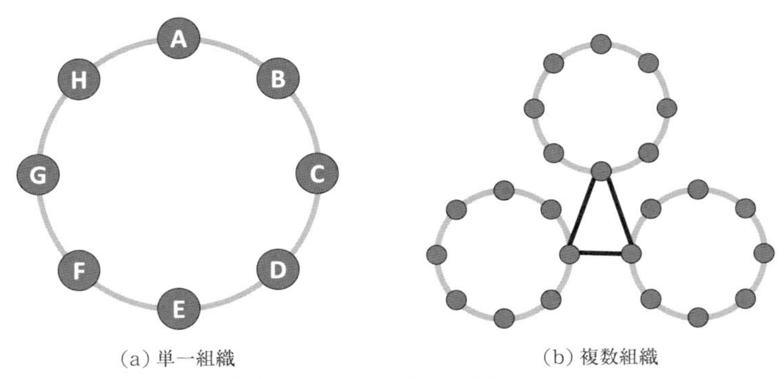

図 6.5　Cassandra のアーキテクチャ

性に優れています．

Cassandra では，複数のクラウドやデータセンタなど異なる組織をまたがって，論理的に一つのデータベースを構築することが可能です．その際，図 6.5(b) に示すように，各組織内ではリングアーキテクチャを構成し，組織間の通信を可能とするリンクを設けるなどの対応が行われます．

(5)　データ分散，レプリケーション

Cassandra では，上述のリングアーキテクチャを有効利用したデータ分散とレプリケーションの機能を有しています．まず，データ分散の方法として，Peer-to-Peer (P2P) システムでよく用いられる**コンシステント・ハッシュ法**を採用しています．この方法では，データおよびノードが，それぞれ内容や ID（識別子）などに応じてハッシュ値に対応付けられます．そのハッシュ値が，パーティションと呼ばれる値の範囲（区間）に対応付けられます．つまり，ハッシュ値の値域が，複数の連続領域（パーティション）に分割され，各ノードには，同じパーティションを割り当てられたデータが

配置されます．図 6.5(a) の例では，リングをハッシュ値に対応する一次元の連続座標とみなして，例えばノード A には A からノード B までの区間が割り当てられます．そして，その区間のハッシュ値を持つ全データが，ノード A に割り当てられます．

このように完全に機械的に，各ノードに対するデータの割当てが決められるため，以下のような利点があります．

- データの検索の際に，ハッシュ値を計算すれば，そのデータを所持するノードがすぐにわかるため，ノード数やデータ数が増加した場合にも，データ検索に要する遅延を短時間に抑えることができる．
- ノードをパーティションに分割する際に，区間のサイズなどを適切に調整することにより，ノード間の負荷分散・均一化を行える．
- ノードの参加・離脱に対して，パーティションの簡単な変更で対応できるため，システムの動的な変動に対して頑強である．同様に，データの挿入・削除に関しても，簡単な処理で対応できる．

レプリケーションによって，データの並列処理性能や対障害性を高める場合，複数の複製が作成されます．この場合，複製もハッシュ値はオリジナルデータと同じになりますが，同じノードに配置するのは意味がないため，別のノードに割り当てる方法が必要となります．その方法として，全ノードが同じ組織やクラスタ内にある場合（図 6.5(a)）は，当該パーティションを担当するノードの，リング状で隣接した（次の）ノードに配置する単純な手法などが用いられます．別の組織やクラスタに分散している場合（図 6.5(b)）は，HDFS と同様の考え方に基づいて，対障害性を考慮して組織やクラスタ間にまたがって分散する方法や，一貫性管理のオーバヘッドを考慮して同一の組織・クラスタ内に配置する方法などが用いられます.

レプリケーションを用いた場合，複製間の同期（バージョン管理）や，データ操作の一貫性などの問題が生じますが，それについては「ACID 特性」で後述します.

(6) 二次インデックス

Cassandra では，カラムに対して二次インデックスを設定することができます.

(7) CQL (Cassandra Query Language)

Cassandra では，データベースを管理・操作する言語として，CQL（Cassandra Query Language）[1] を提供しています．CQL は，関係データベースの SQL に類似した命令，文法を採用しているため，関係データベースの経験者にとって修得が容易です.

(8) ACID 特性

Cassandra は，HBase と同様に，ACID 特性を完全に満たしてはいません．特に，一貫性については，一貫性と可用性（障害時などにもデータにアクセス可能か）を調整するための多様な機能を提供しています．Cassandra の ACID 特性の概要を以下に示します.

- **原子性**：データベース全体ではなく，行単位の原子性を満たしている.
- **一貫性**：一貫性については，NoSQL でよく用いられる**結果整合性**（Eventual Consistency）（データ更新は複製などに即座では

---

1) 連続問合せ言語の Continuous Query Language（CQL）と略称が等しいため注意してください.

ないが，最終的には反映される）を拡張して，複数のレベルから選択できる．その一部の代表的なものとして，以下のような一貫性レベルを選択できる．

—**ALL:** 書込みされたデータの複製を所持しているノード（複製ノード）の全てに，書込みログが記録される（つまり，書込みが伝搬される）．

—**QUORUM:** 複製ノードの過半数に，書込みログが記録される．

—**EACH_QUORUM:** 全ての組織（データセンタなど）において，複製ノードの過半数に，書込みログが記録される．

—**LOCAL_QUORUM:** コーディネータノード（管理ノード）が存在する組織のみにおいて，複製ノードの過半数に，書込みログが記録される．

—**ONE（TWO/THREE):** 少なくとも一つ（二つ/三つ）の複製ノードに，書込みがログが記録される．

—**LOCAL_ONE:** ローカル（書込み操作を要求した組織）において，少なくとも一つの複製ノードに，書込みログが記録される．

—**SERIAL:** 書込み（更新）が無条件に阻止される．

このように，様々なレベルを提供することで，例えば，システム全体としてデータ操作の一貫性を実現する際にも，ALL の場合は任意の複製を読み出す，QUORUM の場合はシステム全体の過半数の複製から最新バージョンを読み出す，EACH_QUORUM の場合は，一つの組織において過半数の複製から最新バージョンを読み出す，LOCAL_QUORUM の場合は，管理ノードが存在する組織において過半数の複製から最新バージョンを読み出す，LOCAL_ONE の場合は管理ノードの全複製から最新バージョンを読み出す，など複数のオプションを提供できる．これにより，読み書き操作の手間のバランスやデータの可用性（耐障害性）を調整できる．

さらに，ローカル組織内のみで一貫性を実現する（LOCAL_ONE の場合は，ローカルにおいて，全複製のうち最新バージョンを読み出す）ことも可能である．これにより，データ操作の一貫性を調整可能である．

ただし，上記の書込みの一貫性レベルは，個々の操作ごとに選択できるため，システム全体としてうまく管理（あるデータセットには特定のレベルを選択するなど）しなければ，データ操作の一貫性が滅茶苦茶になってしまうので，注意が必要である．

- **独立性**：原子性と同様に，行単位の一貫性および独立性を満たす．なお，Cassandra では，軽量トランザクションという機能を提供しており，指定されたデータ操作のセット（トランザクション）を他の操作と独立して（直列可能性を保証して）実行することもできる．ただし，軽量トランザクションは（軽量と称しているが）非常に負荷が重いため，必要最小限の利用が推奨される．
- **永続性**：処理が完了したデータは，永続性が保証される．

6.4.4　MongoDB：ドキュメント指向型

MongoDB [37] は，MongoDB 社によって開発されているオープンソースの NoSQL データベースであり，ドキュメント指向型に分類されます．MongoDB は，他の NoSQL データベースと比較して，突出したシェアがあり，最もよく利用されている NoSQL データベースといえます．

MongoDB は，データ記述言語として有名な JSON のようにデータを記述でき，物理的には BSON（バイナリ型の JSON）形式で交換・格納されます．MongoDB の大きな特徴として，スキーマを持たないが，ドキュメントをグループ（コレクション）として効率的に管理でき，柔軟にインデックスを付与できる点や，高度な結合処理を効率的に実行できないが，データの追加・削除・更新・検索は高速に実行できる点などが挙げられます．以下に，MongoDBの特徴を示します．

(1) データ構造

MongoDBでは，**図6.6**に示すように，データベースは，複数（0個以上）の**コレクション**から構成され，コレクションは複数（0個以上）の**ドキュメント**から構成されます．つまり，関係データベースに対応付けると，コレクションはテーブル，ドキュメントは行に対応します．ドキュメントには，一つ以上の**フィールド**（列のようなもの）から構成されます．関係データベースでは，テーブル単位で列が定義されるのに対して，MongoDBでは（列指向型と同様に）ドキュメント（行）ごとに異なるフィールド（列）を定義できるため，より柔軟といえます．

フィールドは，名前と値の組で定義され，両者の間はデリミタ(:)で区切られます．フィールドは集合（配列）や階層構造（入れ子）にすることができます．**図6.7**は，コレクション"userlist"の例を表しています．このコレクションに新たなドキュメントを追加するためには，以下のように記述します．

```
db.userlist.insert({name:'Atsushi', sex:'male',
birthday:'...', address: {prefecture:'Shizuoka',
city:'Hamamatsu', street:'CCC Z-Z-Z'}})
```

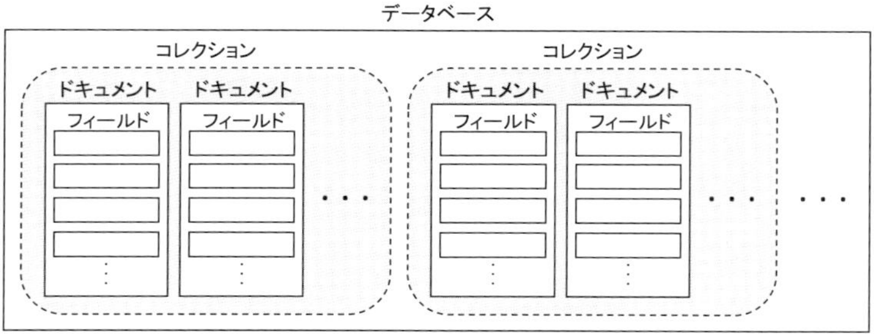

データベース

コレクション　コレクション

ドキュメント　ドキュメント　ドキュメント　ドキュメント

フィールド　フィールド　フィールド　フィールド

図 6.6　MongoDB のデータ構造

```
{
  "name" : "Hiroshi",
  "sex" : "male",
  "birthday" : "...",
  "children" : ["Masahi", "Yuko"]
  "address" : {
    "prefecture" : "Tokyo",
    "street" : "AAA X-X-X"
  }
}
{
  "name" : "Takahiro",
  "sex" : "male",
  "birthday" : "...",
  "children" : ["Taro"]
  "address" : {
    "prefecture" : "Osaka",
    "city" : "Suita",
    "street" : "BBB Y-Y-Y"
  }
}
```

図 6.7　MongoDB のコレクションの例（userlist）

(2) 高速なデータの書込み

バージョン1.8以前のMongoDBでは，データの書込みや更新はメモリ上に書き込まれ，デフォルトで60秒に1回ディスクに書き込まれていました．これにより，データの書込みがメモリ上で処理されるため，連続するデータ書込みを高速に実行できるという利点がありました．しかし，その一方で，システム障害などが発生した場合，直前のディスクへの書込み後に実行した書込み内容が消失するという大きな問題がありました．

これを解決する方法としては，このデフォルト値を例えば数秒に1回にすることもできますが，そうすると後述するレプリケーションを行っている場合に，異なるノード間の通信が頻繁に発生してしまい，通信負荷があまりに大きくなってしまいます．この他にgetLastError()コマンドを書込みごとに実行し，ディスクへの書込みとその成否を確認することができますが，書込みごとの処理の遅延が大幅に大きくなってしまいます．

そこで，バージョン1.8からは，**ジャーナリング**という機能が追加されています．ジャーナリング機能が有効化されているMongoDBでは，データの書込みの情報（ログ）は，デフォルトで100ミリ秒に1回の頻度でジャーナルファイルというディスク上のログファイルに書き込まれます．これにより，システム障害などでメモリの内容が消失した場合も，書込みの消失は100ミリ秒分で抑えられます．むろん，ジャーナリングの負荷により，書込み処理の若干の性能低下（30%程度）は生じてしまいます．ジャーナリングの頻度も変更可能ですが，これを短くすると，処理の負荷も大きくなります．

バージョン3.0からは，これまでのデータベース単位やコレクション単位の書込みロックだけではなく，ドキュメント単位のロックが提供されており，書込み操作の効率が大幅に向上しました．

(3) 集約処理

MongoDB では，SQL でよく用いられる集約（集計）機能を集約 (aggregation) オペレータとして提供しています．その一覧と対応する SQL の命令・機能，および，その説明を**表 6.3** に示します．これらの他にも，$avg（平均値），$max（最大値），$min（最小値）など様々な集計 (accumulation) オペレータや，条件演算子，二項演算子が提供されています．

さらに，MongoDB では単純な集約処理・集計演算だけではなく，大規模で複雑なデータ解析を効率的に実行するために，MapReduce と連携する機能が提供されています．

(4) データ分散（シャーディング）

MongoDB では，他のいくつかの NoSQL データベースと同様に，データ（ドキュメント）の各ノードへの配置（シャーディング）を指定できます．具体的には，各ノード（シャード）にキー（シャードキー）の範囲が割り当てられ，そのキーに該当するデータが割り当てられます．どの範囲のデータがどのノードに割り当てられるか

表 6.3　MongoDB の集約機能

オペレータ	SQL 命令・機能	機能
$match	WHERE	条件を満たすドキュメントのみをフィルタ
$match	HAVING	(同上)
$project	SELECT	指定フィールドのみをフィルタ
$group	GROUP BY	指定条件でドキュメントをグループ化
$sort	ORDER BY	指定フィールドの値でドキュメントをソート
$limit	LIMIT	指定数のドキュメントのみをフィルタ
$sum	SUM()	合計値を計算
$sum	COUNT()	(同上)
$lookup	join	結合処理

は，負荷分散なども考慮して，MongoDB が管理・決定します．

(5) レプリケーション

MongoDB は，基本的にマスター・スレーブ型のレプリケーション機能を有しています．オリジナルデータ（プライマリコピー）に書込み・更新が行われた場合，その情報がプライマリコピーを有するノードのログ（Oplog）に書き込まれます．セカンダリコピーを持つノードは，Oplog の変更分を定期的にチェックすることで同期を行います．

つまり，セカンダリコピーは必ずしも最新の状態が常時維持されている訳ではないため，セカンダリコピーを読み出すと，古いバージョンを読む可能性があります．そのため，MongoDB では，プライマリからだけの読出しを許可するか，セカンダリからの読出しも許可するか，それらの優先度をどうするかなどを選択する機能を提供しています．

また，レプリカセットという概念を導入し，プライマリコピーを持つノード等に障害が発生した場合には，セカンダリコピーがプライマリコピーに格上げされるなど，耐障害性を考慮した機能が提供されています．

(6) 二次インデックス

MongoDB では，任意のフィールドに対する二次インデックスを作成できます．一般的なインデックスの他に，値が配列となり得るフィールドに対するインデックス（マルチキーインデックス）や，二つの値を持つフィールドを座標と見なしたインデックス（空間インデックス）を作成できます．

(7)　ACID 特性

MongoDB では，ACID 特性を完全に満たすデータベースではありません．しかし，以下に示すように，部分的な ACID 特性を有しており，またそれを設定によって調整できます．

- **原子性**：データベース全体での原子性は満たしていないが，ドキュメント単位の原子性を満たしている．
- **一貫性**：全ての書込みが実行済みの単独のノード上では，一貫性が保証される．しかし，上述のようにセカンダリコピーは，設定による遅延の差はあるものの，基本的に結果整合性（いずれ書込みが複製に伝搬する）のため，完全には一貫性を保証できない．
- **独立性**：書込みロックとしてデータベース単位，コレクション単位，オブジェクト単位のいずれを用いるかで，スナップショット独立性がこれらの単位に従って保証される．ロックの単位がデータベース以外の場合，ロック単位より大きな単位では，"read committed" と呼ばれるより緩い独立性が保証される．
- **永続性**：上述のように，ジャーナリングを用いている場合でも，設定頻度のみでのジャーナルファイル書込みとなるため，完全には永続性が保証されない．

6.4.5　Neo4j：グラフ指向型

Neo4j [38] は，Neo Technology 社が開発しているグラフ型の代表的な NoSQL データベースです．実際のところ，実用性が高く商用利用も行われているグラフ型は，Neo4j 以外には多くありません．一方で，現在，SNS データなど大量のグラフデータを効率的に解析することの重要性がますます増しています．そのような状況の中で，Neo4j を中心とした，グラフ型の NoSQL データベースの重要性は今後さらに増していくでしょう．

Neo4j の大きな特徴の一つとして，グラフ構造データの管理・処理に適しているだけではなく，トランザクションの概念がありACID 特性を完全に満たせることです．その一方で，グラフを扱うという特徴上，データをレコードごとに分割することが困難（ノードがグラフとしてつながっている）であるため，データを分散管理することには不向きです．そういう点でも，他の分類の NoSQL とは特徴が大きく異なります．

以下では，Neo4j の特徴について記述します．

(1) データ構造

Neo4j における最も重要な要素として，**ノード (node)** と**関係 (relation)** があります．ノードは一般に事象（エンティティ）を表現するのに用いられます．ノードと関係の両者とも 0 個以上の**属性 (property)** を持つことができ，属性は名前と値から構成されます．ノードは 0 個以上の関係を持つことができ，0 個以上の**ラベル (label)** が付与されます．

ラベルは，ノードが何かを表すものであり，一つの名前を持ち，ノード集合をグループ化することに用いられます．データベースに対する検索は，データベース全体ではなく，ラベルに対応するグループに対して行われることが多くあります．

関係は，ラベルで意味付けられたノード間の相互関係を定義するものです．例えば，“Person” のラベルを持つノード間には，“friend”（友人）という関係などを付与することが考えられます．

図 6.8 は，Neo4j のデータベースの一例を表しています．この例では，“Person” と “Company”，“University” のラベルを持つノードがあり，“Person” 同士には “RESPECT”，“FRIEND”，

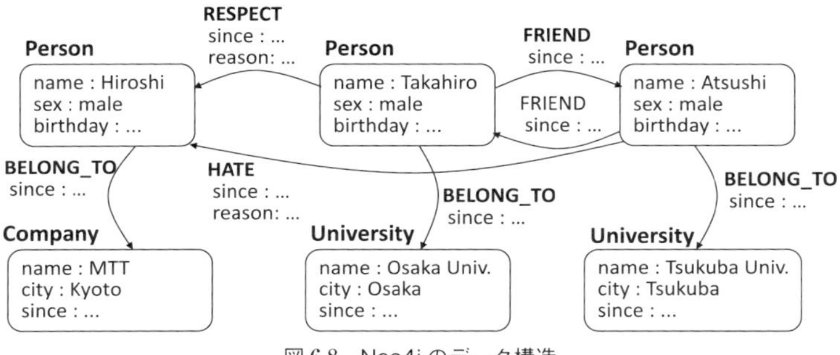

図 6.8　Neo4j のデータ構造

“HATE” の 3 種類の関係が定義されています．また，“Person” と “Company” および “University” の間には，“BELONG_TO” の関係が定義されています．

(2)　問合せ言語 Cypher

Cypher は，SQL に着想を得たグラフデータ向けの宣言型の問合せ言語であり，選択，挿入，更新，削除などの操作をグラフデータに対して直接的に記述できます．基本的な書式（文・命令）を以下に示します．

- **CREATE (DELETE):** ノードや関係を登録（削除）する．
- **SET (REMOVE):** ノードや関係における属性を登録（削除）する．
- **MERGE:** 指定したデータ（ノードや関係）が存在すれば更新し，存在しなければ追加する．
- **MATCH:** 指定した条件に合致するデータを返す．
- **WHERE:** 指定した条件に合致するデータのみをフィルタする．
- **ORDER BY:** 指定した属性の値に応じて結果を整列する．
- **LIMIT:** 指定した数に結果を制限する．

- **RETURN:** CREATE や MERGE，MATCH などの実行結果を返す．

これらを利用したデータベース操作の例を以下に示します．

- “Person” のラベルを持つ名前（“name”）が “Maki” のノードを追加
```
CREATE (maki:Person {name:'Maki', sex:'female',
birthday:'...'})
```
- “Maki” を “Hiroshi” の友人（“FRIEND”）として関係を追加
```
CREATE (maki)-[:FRIEND {since:'...'}]->(hiroshi)
```
- “Takahiro” の性別を問い合わせ
```
MATCH (takahiro:Person {name:'Takahiro'})
RETURN takahiro.sex AS takahiro_sex
```

さらに，Cypher では，COUNT（MATCH に該当するデータ数），MAX（同，最大値），MIN（同，最小値），SUM（同，合計値），AVG（同，平均値）などを計算する集計関数や，文字列を操作する関数，関係に関する関数（例えば，関係の属性や始点・終点ノードを返す関数）などを提供しています．

(3) 高速なデータの書込み・読出し

Neo4j では，ディスク上の永続的なログとメモリ上のキャッシュを効率的に利用することで，高速なデータの書込み・読出しを実現しています．まず前提として，トランザクションで実行された全ての書込み操作は，ディスク上の論理ログに永続化されます．これにより，ACID 特性の永続性を保証しています．

Neo4j では，メモリ上のキャッシュとして，**ファイルバッファキャッシュ**と**オブジェクトキャッシュ**を用いています．ファイルバッファキャッシュは，永続的なストレージ上でのデータの表現と同様の形式でキャッシュを行います．これにより，書込み・読出しの両方の操作をメモリ上で再現できるため，これらの操作の性能が大幅に向上します．一方，オブジェクトキャッシュは，個々のノード，関係とそれらの属性を，グラフ上のノード間の遷移（移動）に適した形式でキャッシュするものであり，グラフの移動操作を高速化できます．

Neo4j では，これらに用いられるメモリのサイズを設定することが可能です．また，文字列を圧縮する機能も有しています．このような機能を有効に用いることで，データの書込み・読出しの効率をさらに向上することができます．

(4)　レプリケーション

上述のように，グラフ型の Neo4j は基本的に，データを複数マシンに分散配置することが困難であるため，典型的なマスター（集中管理）型のデータベースといえます．しかし，データの可用性を高めたり，読出しの効率を高めるために，レプリケーションは重要です．そこで，Neo4j では，一般的なマスター・スレーブ型のレプリケーションの機能を提供しています．Neo4j では，トランザクションの概念があるため，マスター側からトランザクション実行中に同期を行う（プッシュする）設定や，スレーブ側から定期的に同期を行う（プルする）設定などが可能です．

(5)　二次インデックス

問合せ言語 Cypher の機能として，ノードや関係に二次インデックスを作成することができます．例えば，下記のように，ラベルと属性を指定して，インデックスを付与できます．

```
CREATE INDEX ON:Person (name)
```

(6) ACID 特性

Neo4j は，NoSQL データベースとしては珍しく，ACID 特性を完全に満たすことができます．その要因は，関係データベースとほぼ同様のトランザクションの仕組みを採用していることにあります．具体的には，複数のまとまった意味のあるデータ操作群をトランザクションとしてまとめ，ノードおよび関係を単位としたロックによって並行処理制御を行い，コミットされた場合は永続化（ディスクへの変更）を行います．これにより，原子性，一貫性，独立性，永続性を全て満たすことが可能です．

また，Neo4j では，デフォルトとして，最後にコミットされたデータが読み出される独立性レベル（関係データベースにおける "read committed" に近い）が用いられます．この際，読出しは書込み用のロックにブロックされたり，自身がロックをかけることがないため，同じトランザクション中で同じデータを読み込んでも値が異なる場合があります．これを防ぐために，より高い独立性を選択することも可能です．

6.5 まとめ

6.4 節における代表的な NoSQL データベースの説明からわかるように，異なるデータベースは，それぞれ異なる特徴を持っています．それらの特徴は，6.3 節のデータ構造による分類に起因する部分もあれば，その枠を超えたものも多いのが事実です．逆に言えば，データ構造による分類が異なるデータベース同士が，レプリケーションやシャーディング，トランザクション管理などの観点から，非常によく似た機能を有する場合も多いのです．

これらの事実は，もともとは SQL を基礎とする関係データベースと差別化するために，データ構造を中心に設計されてきたNoSQL データベースが，開発が進み高度化するとともに，その他の多くの機能を充実させざるを得なかった結果といえるかもしれません．つまり，各種のNoSQL データベースにおいて，開発を開始した当初は，処理の効率化を優先するために重視していなかった多くの機能が，やはり多くの応用・サービスにおいて重要であることがわかり，近年になってバージョンアップの際に拡充・追加されているのです．その結果，NoSQL データベース同士の機能や，従来の関係データベースとNoSQL データベースの機能が，互いに同じ方向に向かって進歩しているといえるでしょう．この辺りの筆者の見解については，Box 4 に詳しく記述しています．

演習問題

1. NoSQL データベースについて，データ構造に関する代表的な四つの分類について述べ，それぞれの特徴を概説せよ．
2. NoSQL データベースの特徴を議論するうえで重要となる，ACID 特性とCAP 定理について概説せよ．
3. NoSQL に限らず，ビッグデータ解析において重要となるデータベースの機能について，思いつく限り列挙せよ．
4. Neo4j によって，著者（Author）と書籍（Book）をラベルに持つデータを管理するデータベースを構築することを考える．図 6.8 に倣って，データ構造を図示せよ．なお，Author とBook のそれぞれのラベルを持つノードの属性は自由に定義してよい．関係も自由に定義してよいが，著者間の関係と，著者と書籍の間の関係は，それぞれ一つ以上は定義すること．

Box 4 NoSQL はデータベース的には邪道？

余談になりますが，6.3.1 項で説明したように従来のデータベースの様々な機能を捨てて大量のデータの分散処理のみに特化するという考え方は，多くのデータベース研究者にとっては非常に斬新で，最初はなかなか受け入れ難いものでした．そのため，当初，キーバリュー型を始めとする NoSQL データベースをある意味邪道だと思っていたデータベース研究者は少なくなかったでしょう．

しかし，Web 検索を始めとして，様々な応用に対して，Hadoop や NoSQL がこれまでのデータベース技術では到底なしえなかった問題を解決したり，新たな応用を実現するのを目の当たりにし，データベース研究者を始めとする多くの研究者・技術者がビッグデータやその関連技術に対する考えを改めたのです．今では，Hadoop や NoSQL などのビッグデータ関連技術に向き合い，それらをさらに発展させたより良い技術開発を行うことが，データベース研究としての主要な課題の一つになりました．

これもまた余談になりますが，最近では，データベース研究者・技術者ではない専門家が中心となって開発した現在主流のビッグデータ関連技術が，さらなる発展を考えるとまだ十分ではないと認識され始めています．そして，興味深い現象として，6.5 節で述べたように，従来のデータベース技術を無視あるいは軽視して開発された NoSQL データベースに，従来のデータベース技術が次々と取り込まれつつあります．つまり，アプリケーションが高度化されるにつれて，厳密な一貫性や単発の検索に対する応答速度，複雑な問合せが必要となる場合が多く存在すると認識され始めたのです．わかりやすく例えると，従来のデータベースを意識せずに発生したビッグデータ解析技術が，従来のデータベースに歩み寄り始めたということでしょう（**図 6.9**）．その典型的な例として，“NO More SQL” 的な感覚で捉えられることが多かった NoSQL に対して “Not Only SQL” という解釈が定着しつつあります．

また，2011 年からは，関係データベースと NoSQL の両者の利点を積極的に取り込んだ，NewSQL と称するデータベースの開発が進められています．ただ，上記のように関係データベースと NoSQL が融合しつつある現状では，NewSQL という分類にはすでにあまり意味がないのかもしれません．

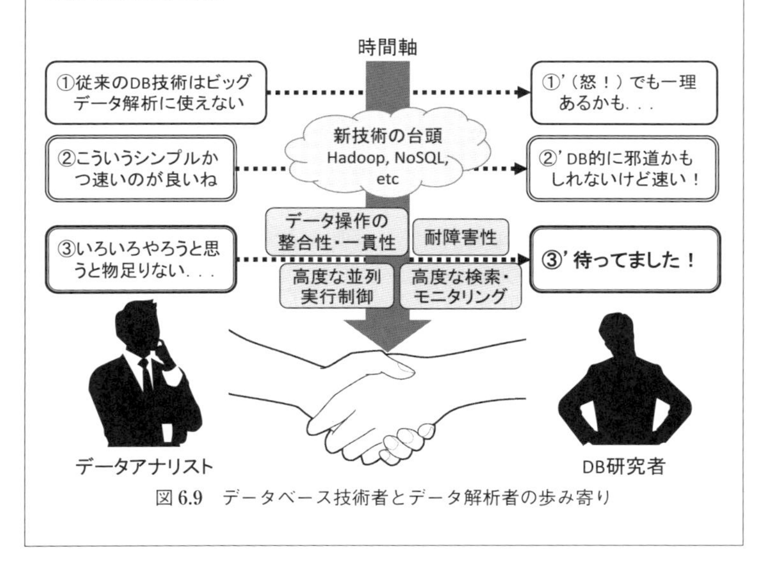

図 6.9　データベース技術者とデータ解析者の歩み寄り

Box 5　NoSQL と関係データベースはどうやって選ぶべき？

本章の議論で多くの読者は，「結局，NoSQL データベースと関係データベースはどちらが優れているのか，NoSQL データベースの中でどれが最も優れているのか，よくわからない」と思ったことでしょう．実際，多くのデータベースは，それぞれ異なる特徴を有しながらも，共通している機能も多くあります．

関係データベースと NoSQL データベースの機能的・性能的な優劣について，実機評価などを行ったレポートもいくつかあります．また，特定のデータベースについて，その弱点を報告するようなレポートも多くあります．最も有名な事例の一つとして，ビットコイン紛失の事件において，MongoDB における結果整合性が問題の要因の一つであったことが指摘され [39]，大きな波紋を呼びました．

このような，データベースの性能や問題点に関するレポートはもちろん，重要な情報ですが，性能比較は特定の条件下のみでのものですし，事例ベースの問題点の指摘も，運用する側が対象となるデータベースの特性を正しく理解せず，不適切な利用を行ったことが主要因であるケースも多くあります．

そのため，開発者は，これらの情報だけを鵜呑みにするのではなく，自身が扱う問題・アプリケーションにおいて要求される事項と，選択対象となるデータベースやフレームワークなどの諸技術（機能，特徴，性能など）を正しく理解し，適材適所で正しく利用することが求められるでしょう．特に，金融サービスなどの重要なアプリケーションの運用においては，これが重要となります．

7

ビッグデータを支える技術（4）機械学習，深層学習

これまでに紹介したビッグデータを支える技術は，ビッグデータの解析技術そのものではなく，いわゆる「縁の下の力持ち」となるシステム基盤技術でした．本章では，ビッグデータの直接的な解析技術として代表格である**機械学習**について解説します．

7.1 機械学習

機械学習は，大規模なデータ群（センサーデータやログデータなど）から，その中に潜在する特徴・法則を捉える（学習する）というタスクをコンピュータが行うものです．機械学習は，入力データに対して分類や予測を行うアプリケーションなどに用いられます．例えば，大量の対訳関係にある二ヶ国語（日英など）のテキストデータ（コーパス）を学習することで，新しいテキストに対する翻訳テキストを出力できます．また，ある人物の大量の GPS データ（位置情報）から行動パターンを学習すると，その人物の新しい少量の GPS データ列からその後の行動を予測できます．このような

自動翻訳や行動予測の他にも，音声認識（音声データ），ジェスチャ認識（加速度データ），株価予測（株価データ），天気予測（気象データ），医療診断（医療データ）など多くのアプリケーションで，機械学習は活躍しています．

機械学習の効果・精度は，学習に用いられるデータの量に大きく依存することが知られています．つまり，データ量が多ければ多いほど効果が上がるため，ビッグデータの流行に伴い，機械学習は非常に注目されています．逆に言えば，機械学習の効果・重要性が再認識されることで，ビッグデータ解析の可能性が大きく広がっています．その結果，両者ともに社会を変容する大きなブレークスルーとして注目されているわけです．ビッグデータ解析のアプリケーションのほとんどにおいて，機械学習の技術が主役として利用されているといっても過言ではないでしょう．

本章では，まず機械学習法の歴史，基本的な考え方，主な分類と，典型的な技術について概説します．

7.1.1　機械学習と人工知能の歴史

機械学習の歴史は，5 章のストリーム処理技術（2000 年前後から）よりもさらに大きくさかのぼり，データベース技術（1970 年頃から）よりも少し古く，1960 年代から 1970 年代に起源があります[1]．機械学習は，最近爆発的なブームとなっている**人工知能**（Artificial Intelligence: AI）と歴史をほぼ共にしています．機械学習は，人工知能における最重要な技術分野の一つであるため，人工知能のブームにも少なからず機械学習が関わっていると言っても過

[1] ニューラルネットワークの起源は，それよりもさらに古く，1940 年代にさかのぼります．

言ではないでしょう．

話は戻りますが，1960年代から1970年代にかけて起こった最初の人工知能ブームでは，コンピュータに人間と同等の知能を持たせることを目標に，**エキスパートシステム**（ルールに基づく推論システム）や**ニューラルネットワーク**などに関する研究が盛んに行われました．しかし，当時の技術とコンピュータの処理能力で解決できる限界などが明らかになり，ブームは下火となりました．特に，単純なニューラルネットワークでは，線形分離が不可能なパターンを識別できないことが1969年に判明しました．

1980年代に入ると，二度目の人工知能ブームが起こり，エキスパートシステムが多くの企業で業務改善に利用されたり，日本でも**第五世代コンピュータプロジェクト**として大規模な研究開発が進められるなどエキスパートシステムに関する研究が最高潮となりました．しかし，人間と同等の知能という観点では，実用的な成果にまでは至らず，1990年代中盤から人工知能の研究は長い冬の時代に入り，世の中の前面に出てくることはほとんどなくなりました．

その一方で，研究分野では1980年代に入り，上記の単純なニューラルネットワークの限界を打破するために，ニューラルネットワークの研究が盛んに行われました．具体的には，畳込みや再帰型のニューラルネットワーク，**ボルツマンマシン**（確率的な振舞いをするニューラルネットワーク）や**誤差逆伝搬法**など，今日の深層学習でも基盤となっている多くの技術がこの時期に確立されました．

1990年代には，教師あり学習法である**サポートベクターマシーン**（Support Vector Machine: SVM）が，**カーネル法**（複雑なパターン認識においてよく用いられる写像法）との併用によって非線形へと拡張され，様々なアプリケーションにおいて圧倒的な精度を達成しました．それ以降，最近になるまで，多くのパターン認識や分類・予測の問題において，SVM は最も用いられる機械学習法でした．その一方で，技術的には高度化しつつも，画像認識などの特定分野以外で顕著な性能を達成できなかったニューラルネットワークは，SVM などの他の機械学習法に圧倒されて，長い間，主役の座に躍り出ることはありませんでした．

2000 年代に入っても，機械学習の技術は SVM を中心に様々な応用に適用されました．一方，しばらく目立っていなかったニューラルネットワークは，2006 年に転機を迎えます．**ディープビリーフネットワーク**（Deep Belief Network：DBN）[40] と呼ばれる多層ネットワークの学習方法が考案され，これが今日の深層学習の流行のきっかけとなりました．具体的には，多層になるとなかなか学習が収束せず，高い精度を実現できないという，多層ニューラルネットワークの大きな弱点を克服する**事前学習**という技術が考案されました．なお，1990 年代中盤から 2000 年代の長い間，機械学習の研究は劇的に発展しましたが，人工知能が冬の時代だったこともあり，機械学習を人工知能研究と呼ぶ人はそれほど多くありませんでした．

さて，2010 年代に入ると，時代は大きな変化を迎えます．まず，IBM が開発した質問応答システムのワトソン（Watson）が 2010 年にイギリスの人気クイズ番組の練習戦で人間相手に勝利（2011 年には本戦でも勝利）しました．これは，コンピュータが人間を凌駕する知能を持つ可能性があるという実例であり，人工知能の可能性を再認識させるきっかけとなりました．これに追い打ちをかけるように，囲碁などのように，コンピュータがチャンピオンレベルの人間に勝つのは難しいとされていた競技で，コンピュータが人間に勝利するという事例がどんどん増えてきました．さらには，本書のテーマでもあるビッグデータの隆盛です．大量のデータを獲得でき

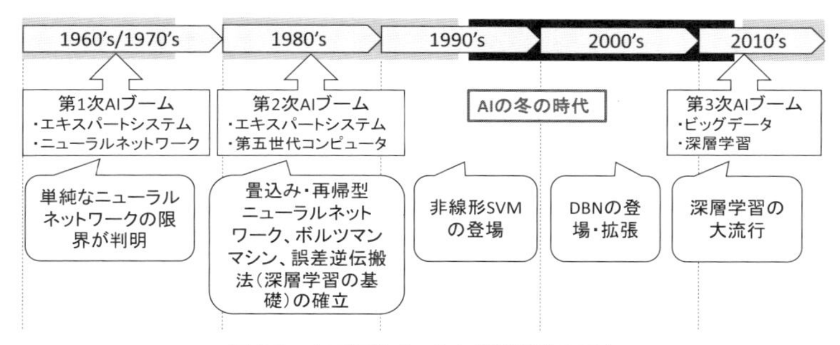

図 7.1　人工知能ブームと機械学習の歴史

ると，機械学習の精度が大幅に向上するため，多層ニューラルネットワークによる学習（深層学習）などにおいて，性能面の大きなブレークスルーが起きました．

これらの要因によって，第三次の人工知能ブームが今起きているのです．機械学習がビッグデータ解析の主要な技術であることもあり，機械学習は人工知能の主役と認識されています（人工知能＝機械学習と勘違いしている人も少なくないようですが）．

図 7.1 は，人工知能ブームと機械学習の歴史的な変遷を簡単にまとめたものです．

7.1.2　機械学習の基本的な考え

機械学習は，本章の冒頭で述べたように，大規模なデータ群から，その中に潜在する特徴・法則を学習するというタスクをコンピュータ上で行うものです．特に，大規模なデータ（**訓練データ**）から未知の確率分布（モデル）の特徴を学習し，新たなデータ（**テストデータ**）に対して予測・分類を行うことが一般的です．

図 7.2 は，訓練データ（二次元：d_1, d_2）から任意のデータを二つのクラスに分類するための平面（ここでは二次元データなので

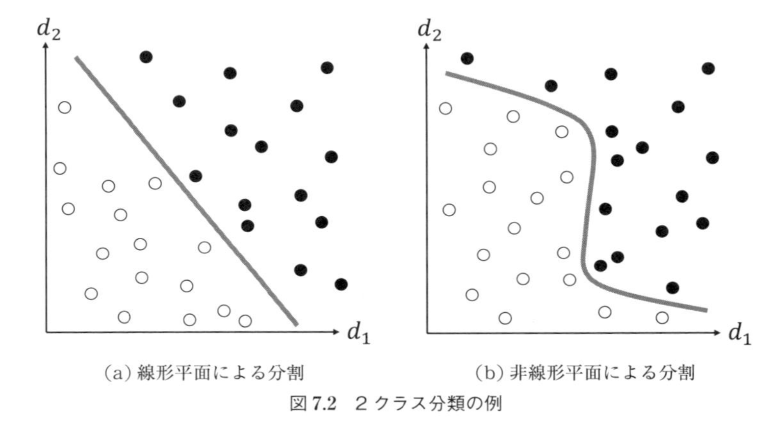

(a) 線形平面による分割　　(b) 非線形平面による分割

図 7.2　2 クラス分類の例

線）を学習した例を表しています．図 7.2(a) は，初期の機械学習アルゴリズムがそうであったように，分割平面を線形関数（一次多項式，つまり直線）で表現しています．しかし，多くの問題では，分割平面を線形関数で近似することは困難であるため，線形しか扱えない初期のアルゴリズムの精度は不十分でした．そこで，機械学習において，非線形な分割平面（図 7.2(b)）を扱えるように拡張したアルゴリズムが多く登場しました．

例えば，SVM はもともと線形の分割平面しか扱えませんでしたが，データを高次元の特徴空間へと写像するカーネル法（一般に非線形の写像関数が用いられる）と併用することで，非線形の分割平面を扱えるようになりました．また，ニューラルネットワークでは，**活性化関数**（各層で線形変換後に適用する関数）に非線形関数を用いることで，同様の効果を得ています．

7.1.3　機械学習法の分類

機械学習の方法には，上述のものを含めてかなりの数があります．これらを分類する方法もいくつかありますが，特に重要なものとして，**教師あり学習**(supervised learning) と**教師なし学習**(unsupervised learning) があります．ここでは，これら二つについて簡単に紹介します．

(1)　教師あり学習

訓練データに対して，予測・分類の正解となる情報（**ラベル**という）が付与されており，それをもとに学習が行われるものを教師あり学習といいます．教師あり学習では，訓練データは，正解データの例示（正例）と捉えることができます．また，不正解のデータ（負例）を与えることができる学習法も多くあります．教師あり学習の出力（結果）としては，**分類**(classification) と**回帰**(regression) があります．分類はデータが属するクラス（グループ）を決定するもので，回帰はデータに対する数値を決定するものです．回帰の例として，迷惑（スパム）メールを検出する問題では，スパムらしいスコアを出力することが考えられます．

図 7.3 は，教師あり学習の例を示しています．この例では，画像に含まれる動物が何かを自動的に分類する問題を想定しています．教師データとして，その動物が何かを表すラベルが付与されている

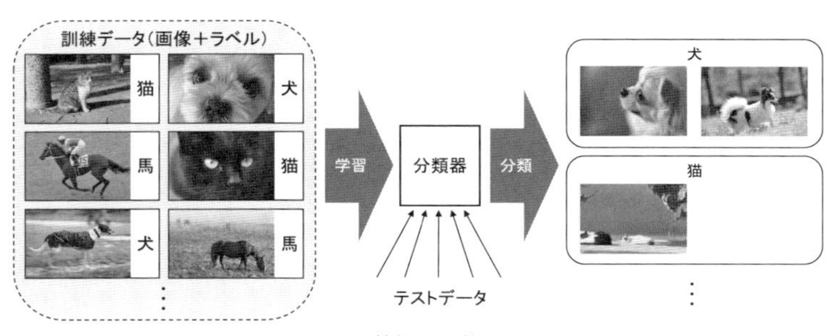

図 7.3　教師あり学習の例

画像を用いています．うまく学習が行われると，その後のラベルの付いていない画像データ（テストデータ）に対して，適切にどの動物が含まれているかを分類できます．

ここで，教師データは有限であるため，テストデータに含まれる可能性のあるデータをすべて網羅することは現実的に不可能です．そのため，教師データの分布に偏りがあったり，教師データとテストデータで大きく分布が異なっていたり，単純にデータの数が少ない場合，教師データに完全に適応したとしても，テストデータに対しては分類等の精度がまったくでないことが多くあります．これを**過学習**(overfitting)と呼びます．一方，バランスよくあらゆるテストデータに対応する能力のことを**汎化能力**(generalization ability)と呼びます．機械学習の分野では，この過学習を起こすことなく，適度な量の教師データを適切に与えることでうまく学習する，つまり汎化能力の高いアルゴリズムの考案が重要な課題と考えられています．

(2)　教師なし学習

教師なし学習は，学習対象として与えられるデータにはラベルが付与されておらず，データそのものの値などから，データ集合が持つ特徴や構造を抽出する学習法です．最もよく用いられる手法として，データを互いに似ているグループにまとめてデータ集合を分割する**クラスタリング(clustering)**があります．

詳しくは 7.1.5 項で説明しますが，クラスタリングは**図 7.4**(a) に示すように，特徴空間内でデータ集合を適切に分割するための境界線を引く作業と捉えてもよいでしょう．この際，図 7.4(a) のように簡単に分けられる場合もあれば，図 7.4(b) のように境界を設定するのが難しい場合もあります．

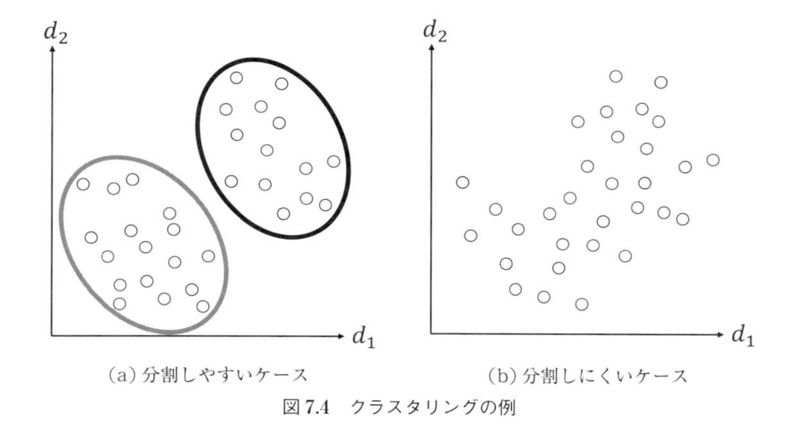

(a) 分割しやすいケース　(b) 分割しにくいケース

図 7.4　クラスタリングの例

7.1.4　教師あり学習の代表的な手法

ここでは，教師あり学習の代表的な手法として，SVM，ニューラルネットワーク，決定木について概説します．これら以外にも線形回帰やベイジアンネットワークなど様々な手法がありますが，それらに興味のある読者は，機械学習の専門書を参照されることをお勧めします．なお，本項において紹介する手法の多くは，必ずしも教師あり学習だけではなく，教師なし学習にも適用されたりします．例えば，教師なしの SVM やニューラルネットワークも存在します．そのため，あくまでも教師あり学習としてよく知られている学習法と理解してください（次項の教師なし学習も同様です）．

(1)　サポートベクターマシーン (SVM)

サポートベクターマシーン (SVM) は，基本的に 2 値のラベルを持つ訓練データを学習し，テストデータを二つのクラスに分ける分類器を構築します．これを拡張して，二つ以上のクラスに分類可能な SVM も多く存在します．

SVM の基本的な考え方は，訓練データのラベルに従って，7.1.2 項で説明したような分類平面を求めることです．このとき，SVM の重要な特徴として，訓練データを 2 クラスに分類できる平面のうち（一般的には無数存在する）どれか一つを見つけるのではなく，より良い分割平面を発見します．具体的には，いくつかのデータから分割平面への距離（これをマージンと呼ぶ）が最大となるものを選択します．一番簡単な例では，クラスの異なるデータ間で互いの距離が最も近いペアを探し，それら二つのデータからの距離が最も遠くなるように両データの間に分割平面を引きます（**図 7.5**(a)）．

初期の SVM では，分割面として線形式（一次多項式）で表される平面にしか対応していませんでした．しかし，7.1.2 項で説明したように，多くの問題では，分類問題の分割面はきれいな線形平面とはなりません．そこで，カーネル法などの技術を用いて，非線形の分割平面に対応する拡張が盛んに行われてきました．具体的には，非線形面でしか分割できないような訓練データが与えられると，それらが存在する特徴空間に対して，カーネル法などの写像法を適用し，異なる特徴空間へマッピングします．このマッピング後の特徴空間において，幸いにも訓練データが線形平面で分割できる場合，従来の SVM を用いて分割平面を発見できます（図 7.5(b)）．

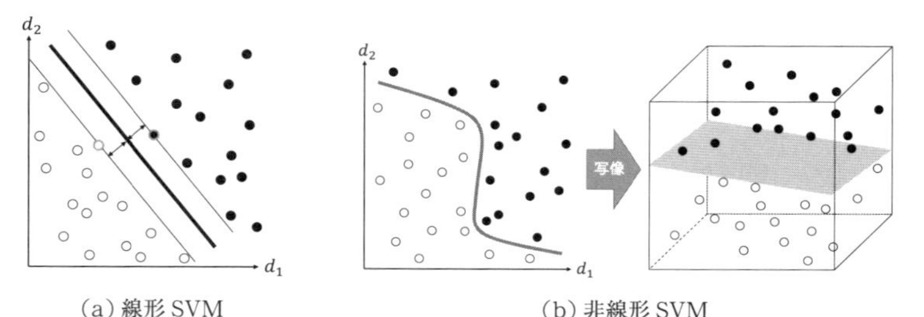

(a) 線形 SVM　　(b) 非線形 SVM

図 7.5　SVM の例

つまり，拡張後のSVMでは，訓練データを線形平面で分割できる写像を発見し，マッピング後の特徴空間で従来のSVMを適用していると考えてよいでしょう．

(2) ニューラルネットワーク

ニューラルネットワークは，第一次人工知能ブームよりも古く，1940年代に起源を持つ長い歴史のある数学モデルです．ニューラルネットワークは，**図7.6**(a)に示すような（人工）**ニューロン**(neuron)が結合して，多層構造として構成されます．この図は，第i層のj番目のニューロンを表しており，各入力x_{i_1}, x_{i_2}, x_{i_3}が**結合強度**と呼ばれる値で重みづけされてニューロンに投入されます．そして結果としてx_{i+1_j}が出力されます．このx_{i+1_j}は，第$i+1$層のj番目の入力となるわけです．

ニューラルネットワークでは，一般に第i層において入力X_i（縦ベクトル）から出力X_{i+1}を以下のように計算します．

$$X_{i+1} = f(W_i X_i + N_i) \tag{7.1}$$

W_iは第i層における結合強度を表す行列で，N_iはバイアスパラ

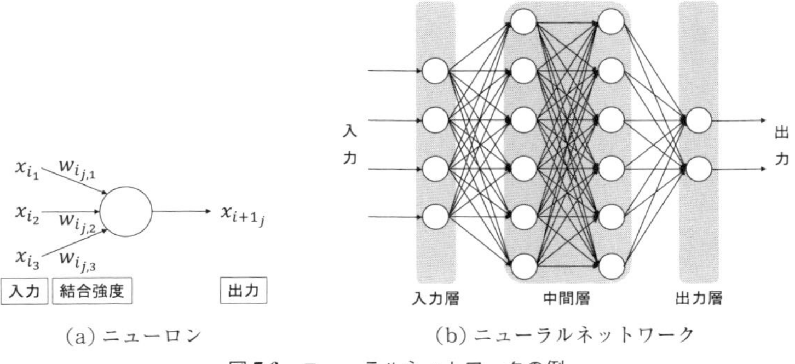

(a) ニューロン　(b) ニューラルネットワーク

図7.6　ニューラルネットワークの例

メータと呼ばれます．$f(\cdot)$ は活性化関数と呼ばれるます．$f(x) = x$ のとき上式は線形関数となり，このような活性化関数を持つニューラルネットワークは**単純パーセプトロン**と呼ばれます．

ニューラルネットワークの全体構成の例を図 7.6(b) に示します．この例は，入力層，中間層，出力層の一方向に信号が流れる初期のニューラルネットワーク（**順伝搬型ニューラルネットワーク**）を表しています．ニューラルネットワークでは，訓練データ（訓練信号）に対してラベルで示された分類や回帰に合致した，つまり誤差を最小化した結果を出力するように，結合関数を学習します．この学習効率を高めたり，非線形問題を扱うために，7.1.1 項で述べたような様々な技術が考案されています．なお，中間層が 2 層以上ある時，深層学習と呼ばれます．深層学習については，7.2 節で紹介します．

(3)　決定木 (decision tree)

決定木は，他の機械学習法とかなり毛色が異なり，学習によって木構造を構築し，その木構造を用いて新たなデータに対する分類や回帰を行う手法です．決定木では，回帰や分類の対象となるデータは，構築された木構造を根から葉に向けてたどり，葉に到達した時点で処理が終了（最終結果）となります．ここで，葉の数は有限であるため，回帰の場合は近似的（離散的）な値を出力することになります．

決定木では，各節点がある変数（多次元データのある属性）を表しており，その節点からの枝の数はその変数（属性）が取りうる値の数に対応します．各枝は，その節点の変数が取りうる値に対応しています．したがって，データがある節点に到達した時，そのデータは，根からその節点に至る経路上の全節点（全属性）に対して，選択（分岐）した枝に対応する属性値を有していることになります．

さて，それでは決定木によって，どのように分類や回帰を行うのでしょうか？　それを説明するために，ラベル付きの訓練データからどうやって決定木を構築するのかについて解説していきましょう．以降では，説明の簡単化のために分類を扱うことを想定し，ラベルは各データが分類されるクラスであるとします．決定木の学習（訓練）フェーズでは，上記の木構造において，全ての訓練データを根から順番に属性値に応じて分割していきます．

例えば，**図 7.7** に示すように，気象データ（温度，湿度，風速，音，時間）から降雨しているか否かを判断する問題を考えます．訓練データとしては，この気象データとラベル（降雨 (YES)，降雨していない (NO)）が与えられ，決定木の根として，湿度の属性が選択され，80% 未満か以上かで子への分岐を行うものとします．このとき，まず最初に全訓練データは，湿度が 80% 未満か以上かで二つのグループに分割されます．また，分岐先の子節点のそれぞれにおいて，グループ内で降雨 (YES: Y) と降雨していない (NO: N)

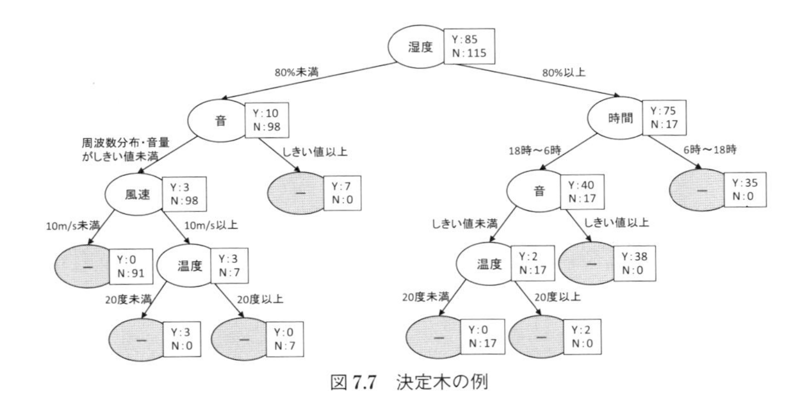

図 7.7　決定木の例

のラベルを持つデータの数をカウントします．さらに，それぞれの子節点とその子孫の節点においても同様の処理が行われます．ある節点において，データの分割がこれ以上行えなくなったとき（すべてのデータが同じグループになったとき），その節点は葉となり，これ以上の節点の分割を行いません．また，その葉はデータが所属するクラスに対応付けられます．なお，図 7.7 の例における各属性値によるデータの分割の結果（各属性値をとるデータ数）は，実際のデータに基づいたものではなく，説明のための想像です．

このように決定木を構築することで，（訓練データによって十分に学習されているなら）テストデータに対して，根から決定木をたどって到着した葉のクラスを調べることで，そのデータの属するクラスを予測できます．

勘の良い読者はすでに気付いていると思いますが，決定木によってテストデータの分類を行う際の効率（実行時間）は，どのように木を構築するか，つまり，各節点の属性と分割条件に何を選択するかに大きく依存します．したがって，データをクラスに分類する上で寄与度の大きい，つまり，ある属性値を持つデータが特定のクラスに偏るような属性を木の上位で用いることが有効です．そのため，効果的な決定木を構築するための様々なアルゴリズムが，これまでに考案されています．

7.1.5　教師なし学習の代表的な手法

教師なし学習の代表的な手法として，クラスタリングとトピックモデルについて概説します．これらの他にも，多次元データの次元圧縮のための**スパースコーディング**など，教師なし学習法は数多く存在します．しかし，それらも基本的な考え方は互いに共通するものが多く，さらにある手法の中で別の手法を用いる場合（例えばトピックモデル中にクラスタリングが用いられるなど）も多くみられます．

(1) クラスタリング

クラスタリングは，教師なし学習の代表的な手法というだけではなく，ビッグデータ解析のデータの前処理，検索の効率化，分類など様々な場面で実際に用いられる重要な技術です．クラスタリング自体が重要な研究課題ですので，非常に多数のアルゴリズムがこれまでに考案されています．そのため，ここでは最初期のものですが現在でもよく用いられている手法である k 平均法を紹介します．

k 平均法では，与えられた対象データ群（$x_1, \cdots, x_n$, データ数 n）を，k 個（k はアルゴリズム実行時に指定）のクラスタに分割します．この際，一つのデータが複数の異なるクラスタに所属することはなく，必ずある一つのクラスタのみに所属します．k 平均法のアルゴリズムを以下に示します．

1. 各データ x_i $(i = 1, \cdots, n)$ が所属するクラスタをランダムに決定する．
2. 各クラスタの中心 V_j $(j = 1, \cdots, k)$ を，そのクラスタのメンバーであるデータ集合から決定する．（例えば，全メンバーの重心など）
3. 各データ x_i と各クラスタの中心 V_j の距離を計算し，最も距離が近い中心を持つクラスタに配置換えする．
4. ステップ 3 の処理で，配置替えとなったデータが存在しない場合，もしくは，しきい値未満の変更の度合いであった場合，アルゴリズムの実行を終了する．それ以外の場合，変更後のクラスタメンバーに対して，ステップ 2 以降を再実行する．

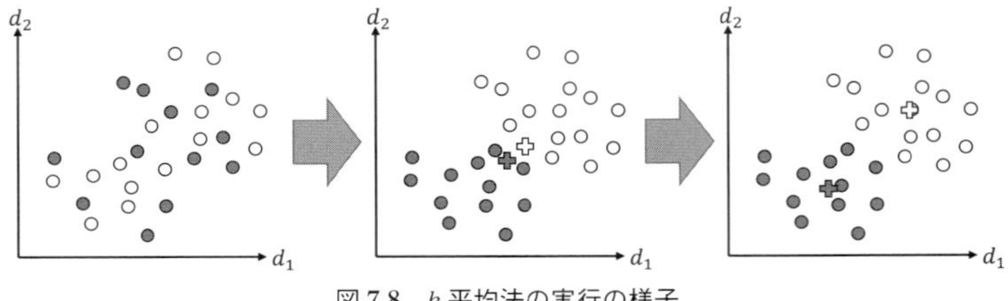

図 7.8　k 平均法の実行の様子

k 平均法の実行のイメージを**図 7.8** に示します．この例では，与えられた二次元のデータ集合を二つのクラスに分割する様子を示しています．一番左が，上記のアルゴリズムのステップ 1（ランダムにクラスタを決定）を実行した様子で，一方のクラスタを白色の丸，もう一方を灰色の丸で表しています．中央の図は，ステップ 2（クラスタメンバーから中心点を決定）とステップ 3（最も近い中心点となるクラスタに配置換え）を実行した様子を示しています．白色と灰色の十字印がそれぞれのクラスタの中心です．一番右の図は，ステップ 2 とステップ 3 を再実行した様子を表しています．ここでは，その前の実行結果からメンバーの変更がないため，アルゴリズムが終了します．

k 平均法は，最初のクラスタへのランダムな割り振りの結果に，最終結果が大きく依存することが知られています．そのため，それが偏りすぎないように，ステップ 1 とステップ 2 に異なる処理を採用しているものも多く見られます．例えば，データをクラスタにランダムに割り振るのではなく，各クラスタの中心をランダムに選ぶ方法などが用いられることもあります．

k 平均法以外にも，クラスタリングの手法は多数存在します．例えば，一つのデータが複数のクラスタに存在することを許すクラスタリング手法や，階層的にクラスタリングを行う手法（下位の各クラスタから代表データを選び，代表データをさらにクラスタリングすることで階層化されたクラスタを構築する手法）など多くのアルゴリズムが考案されています．

(2)　トピックモデル

トピックモデルは，与えられた文書集合からトピック（話題やカテゴリー）を発見するための統計モデルです．昨今のビッグデータ時代では，大規模な文書データを解析することで，トピックを確率的に発見するトピックモデルが注目されています．例えば，犬好きの著者によるブログ記事を解析すると，犬に関する話題が 70% で，猫が 10%，その他が 20% などということがあります．1990 年代末期に最初期のトピックモデルが考案され，2003 年には現在最もよく利用されているトピックモデルである LDA（Latent Dirichlet Allocation）[41] が考案されました．

トピックモデルは言わば，文書集合に潜在する意味構造を捉えたものと考えることができます．多くの場合で，構築されたモデルは，複数の代表的な語の重み（スコア）付きの集合で表されます．トピックモデルは以下に示すような様々な用途で用いられています．

- 文書集合をトピックに基づいて分類したり，類似性を比較したりする．
- ニュースやブログ，SNS の投稿文書を解析することで，トレンドやその変遷を把握する．
- あるサービスを利用しているユーザごとに，ユーザが発信している情報やサービス利用の履歴に関する文書を解析することで，各ユーザのプロファイリング，類似ユーザのグループ化などが可能となる．これらの情報をマーケティングに利用できる．
- 文書を解析してトピックを把握することで，文書内に含まれる多義語やあいまい語の意味を正しく理解できる．これにより自動要約や自動翻訳などの精度が向上する.

- 大量の文書を，代表的な語の集合からなるトピックとして表現することは，大量のデータを低次元の属性の値で表現することとほぼ同等である．そのため，トピックモデルは，上記のような文書に対する用途だけではなく，高次元データの次元圧縮やデータのクラスタリングなど，一般的な機械学習やビッグデータ解析にも用いられる.

上記の用途のうち，4 番目が最近では特に注目されており，多くの場面で利用されています．これは，トピックモデルが他の機械学習法よりも対象を（文書に）特化して開発された技術にもかかわらず，技術的な成熟に伴って，再び汎用的な目的に応用され始めているという興味深い現象です.

以下では，最も有名なトピックモデルである LDA について，概要を説明します．**図 7.9** は，LDA において用いられる変数とその依存関係を表しています．変数の内容は以下の通りです．図 7.9 では，簡単のために各変数の添字は省略してあります.

- $\boldsymbol{w}_i$ $(i = 1, \cdots, M)$: 文書（文書集合 $D = \{\boldsymbol{w}_1, \cdots, \boldsymbol{w}_M\}$）
- $w_{i,j}$ $(j = 1, \cdots, N_i)$: 文書 $\boldsymbol{w}_i$ に含まれる単語（$\boldsymbol{w}_i = \{w_{i,1}, \cdots, w_{i,N_i}\}$）

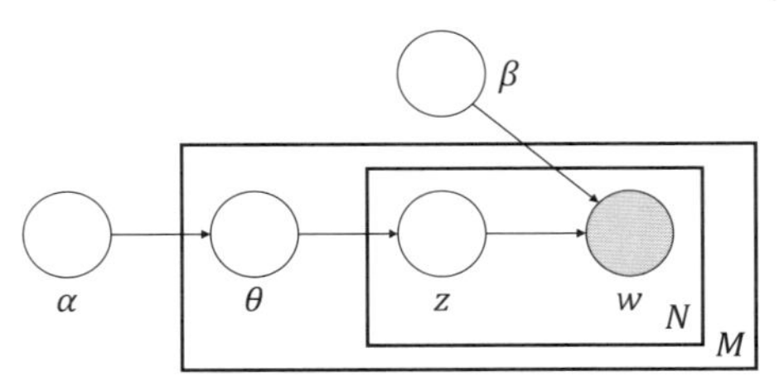

図 7.9　LDA における変数と依存関係

- $z_{i,j}$ $(j=1, \cdots, N_i)$: 単語 $w_{i,j}$ のトピック
- θ_i $(i=1, \cdots, M)$: 文書 $\boldsymbol{w}_i$ のトピック分布
- α: 文書ごとのトピック分布に関するディリクレ分布のパラメータ
- β: トピックごとの単語分布に関するディリクレ分布のパラメータ

図 7.9 および上記で示した変数のうち，与えられるのは文書に関するもの $(\boldsymbol{w}, w, M, N)$ のみで，その他は文書集合から推定することになります．つまり，トピックモデルは，これらのパラメータを精度高く推定する手法といえます．もう少し，図 7.9 について説明すると，この図は以下のようなことを示しています．

1. 単語 w が与えられると，w のトピック (z) を推定できる．
2. 文書 $\boldsymbol{w}$（を構成する N 個の単語とそのトピック）が与えられると，$\boldsymbol{w}$ のトピック分布 (θ) を推定できる．
3. 文書集合（を構成する M 個の文書とそのトピック分布）が与えられると，文書ごとのトピック分布に関するディリクレ分布のパラメータ (α) を推定できる．
4. 単語 w が与えられると，トピックごとの単語分布に関するディリクレ分布のパラメータ (β) を推定できる．

LDA ではこのようなことを，与えられた文書集合を（教師なし）学習することで実行します．詳細は割愛しますが，例えば凸関数やベイズ推定などの技術を用いて，変数の推定などを行います．

7.2 深層学習

前述のように中間層が 2 層以上のニューラルネットワークによる学習を，**深層学習（ディープラーニング）**と呼びます．深層学習は，ここ数年で急速に脚光を浴びて，ビッグデータ解析の革新的な

技術と考えられています．以下では，深層学習が脚光を浴びるようになった技術的および環境的な背景について解説し，その後，いくつかの重要なコア技術について説明します．

7.2.1　深層学習の歴史と背景

7.1.1 項で述べたように，ニューラルネットワークの研究は長い歴史を持ちますが，問題が大規模化した際の学習精度などの問題から，SVM などと比べて影の薄い存在でした．具体的には，ニューラルネットワークが多層化すると，自由度が高くなる，つまり様々な状況に適応できる可能性が高まる反面，限られた訓練データで十分に学習するのが困難であったことが要因です．この点について，以下ではもう少し詳しく説明します．

まず，ニューラルネットワークでは，出力の精度が十分ではない場合，現状の各属性の結合強度の修正を行います．このための方法として，誤差逆伝搬法がよく用いられます．誤差逆伝搬法では，現在の結合強度よりも望ましい出力を出すように修正が行われます．しかし，問題が大規模化して，ネットワークを多層化する必要がある場合，誤差逆伝搬法では以下のような問題が生じます．

- **問題 1**：結合強度の修正による精度の改善が，全体としての最適解ではなく局所最適解に陥りやすい．
- **問題 2**：層の数が多くなると，結合強度の修正の勾配（修正の度合い）を確率的に決めるアプローチ（**確率的勾配降下法**）において，勾配が 0 に近い値となってしまう**勾配消失問題**が起きやすい．これにより学習の速度が著しく低下する．
- **問題 3**：複雑なネットワークにおいて十分な精度を実現する学習を行うには，あらゆるケースを網羅した大規模な訓練データが必要になる．このように十分なデータが得られない場合，訓練データに対してのみうまく調整された結合強度は，テストデータに対して分類・回帰の精度が著しく低下する過学習が起こりやすい．

このような問題を解決するためには，以下のように技術面と訓練データに対して要求される条件があります．

- **問題 1**：局所最適解に陥りにくいように様々なケースを網羅する訓練データが必要となる．つまり，訓練データの多様性，量が重要となる．
- **問題 2**：勾配消失問題を起こしにくい，結合強度の修正手法が必要となる．
- **問題 3**：問題 1 とも関連しているが，訓練データの多様性，量が増すと改善の可能性が高くなる．しかし，その一方で，技術的にも過学習を起こしにくい新たな学習法の確立が望まれる．

問題 2 については，単純なニューラルネットワークの確率勾配法によく用いられる**シグモイド関数**などではなく，**ランプ関数**などの勾配が 0 にならない（なりにくい）関数を用いることで問題を解決することが試みられています．

問題 1 や問題 3 における訓練データの多様性，量については，幸いにも近年のビッグデータ時代への突入により，改善・解決されつつあります．しかし，データが膨大になればなるほど，学習に要する時間が大きくなり，学習時間を不用意に削減しようとすると，精度が十分でなくなるなどの問題が再燃します．そのため，効率的に学習を行うための技術的な工夫が必要となります．これらの問題は，すでに 1970 年前後から認識されており，1980 年前後から様々な解決法が考案されてきました．その一つのアプローチとして，福嶋らによるネオコグニトロン[42]と，これに誤差逆伝搬法を適用したLeCunらの学習方法[43]を発端とする**畳込みニューラルネットワーク**(Convolutional Neural Networks: CNN)があります．これは，ネットワークの構成に制約を持たせて比較的シンプルにすることで，学習に要する時間を短縮しようとするものです．全ての応用分野で有効とはいきませんが，画像認識や動画認識などパターン認識の分野では大きな成果を上げています．

畳込みニューラルネットワークよりも汎用的な解決法として，**事前学習**があります．事前学習は，学習時間と勾配消失の問題を同時に解決するための有効なアプローチです．深層学習では，各層の結合強度の初期値が，学習速度や精度に大きく影響することが知られています．そこで事前学習では，各層の結合強度を事前に学習して初期値として用いることで，学習効率を高めることを目的としています．そのために，2006年から**自己符号化器**(autoencoder)を用いた手法[44, 45]が考案されており，実際によく用いられています．

さらに，上記の問題には直接関係ないかもしれませんが，音声認識やストリーム解析のように時系列性を持つデータを扱うような状況では，入力されるデータをそれぞれ独立ではなく，連続データとして扱う必要があります．このような場合に対応するために，**再帰型ニューラルネットワーク**(Recurrent Neural Network: RNN)が考案されています．特に最近では，1997年に考案されたLSTM(Long Short Term Memory)ネットワーク[46]が，様々な実応用に適用されています．

このように深層学習の効率や精度を向上するための技術開発は，長年に亘り行われてきました．その一方で，それらが実際のアプリケーションに頻繁に適用されるようになったのは，ごく最近です．つまり，技術的には多くの部分が成熟していたのですが，ビッグデータ時代の到来に伴い，脚光を浴びるようになりました．これは，これまでに紹介した分散処理フレームワークやNoSQLデータベースの技術的な発展の流れとは大きく異なり，ストリーム処理エンジンに近いといってよいでしょう．一口にビッグデータ解析の関連技術といっても，発展の仕方がそれぞれ異なるのは，興味深い現象です．

7.2.2　畳込みニューラルネットワーク

畳込みニューラルネットワークの起源となった**ネオコグニトロン**は，手書き文字認識などの視覚パターン認識を目的としています．ネオコグニトロンのネットワーク構造を**図7.10**に示します．ネオコグニトロンは，生理学の実験に基づく古典的な階層仮説に基づいて考案されており，階層的な細胞の層から構成される神経回路をイメージしています．基本的に，図形の特徴を抽出するS細胞の層（S層）と，特徴のずれを吸収するC細胞の層（C層）が交互に並

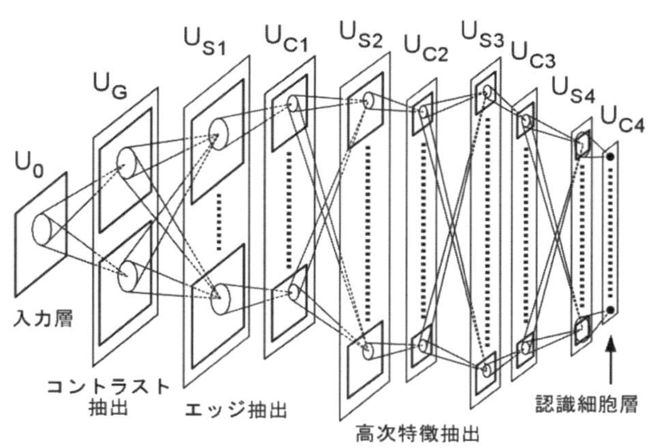

図7.10　ネオコグニトロンのネットワーク構造
（出典：福嶋邦彦（1979））[42]

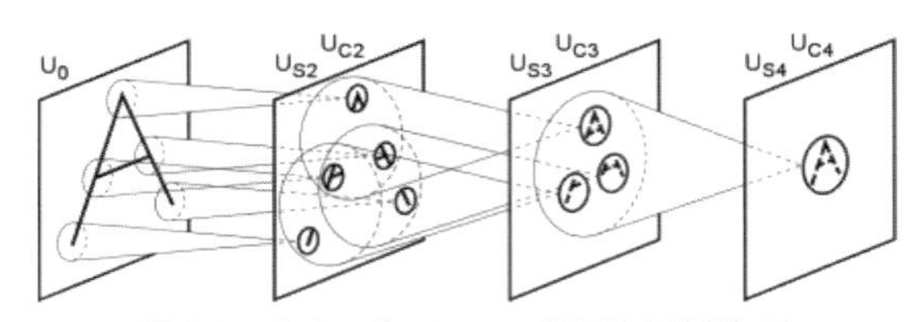

図 7.11　ネオコグニトロンの階層的な情報処理
（出典：福嶋邦彦（1979））［42］

んでいます．最下位層は，入力部として視細胞（受光素子）が並び，多段のＳ層，Ｃ層を経て，最上位のＣ層が認識結果を出力します．

ネオコグニトロンでは，各層の細胞（ニューラルネットワークでいうところのニューロン）は，一つ前の層の（空間的に）比較的狭い範囲の細胞から信号を受け取ります．各Ｓ細胞は特定の空間範囲（受容野）を持ち，他の隣接するＳ細胞と一部競合しています．下位層では，各細胞間の競合度合いが小さく，空間に広く分布するため，それぞれの各Ｓ細胞は小さな範囲の局所的特徴を抽出します．ネオコグニトロンの特徴として，各Ｓ細胞は異なる受容野を持ちますが，次層への結合強度は共通のものを用います．つまり，各層は前層から与えられた信号から特徴を抽出するための学習器となります．**図 7.11** に示すように，上位層になるにつれて，受容野が広範囲となり，前層までの複数の特徴を考慮した大局的な特徴抽出（フィルタ）が行われるという仕組みになっています．これは，複数の局所的なフィルタの畳込みに該当するため，畳込みニューラルネットワークと呼ばれるようになりました．

ここでＣ細胞は，前層の複数個のＳ細胞から固定した結合（各Ｓ細胞はある一つのＣ細胞と固定的に結合）を持ち，どれか一つのＳ細胞が出力を出せば，Ｃ細胞も出力を出すようになっています．それぞれのＳ細胞は少しずつ異なる受容野を持つため，Ｃ細胞では複数のS細胞の出力（一般には同様もしくは類似した特徴を持つ）を集めて，全体的な特徴を捉えた出力を出します（畳込みニューラルネットワークでは，C層をプーリング層と呼びます）．このようなC層を用いることで，入力パターンの位置が少しずれて，S細胞での特徴の場所が少しずれたとしても，C層でそのずれを吸収することが可能となります．つまり，C層において，S細胞での特徴の位置ずれの影響を吸収できるため，入力パターンの変形に大きな影響を受けない頑強なパターン認識を実現できるのです．

ネオコグニトロンでは，結合強度の更新を教師なし学習で行っていますが，これを教師ありの誤差逆伝搬法を用いるように拡張したものが，LeCunらのLeNetです．これらの畳込みニューラルネットワークは，パターン認識において入力データの位置ずれや変形に強いという特徴から，画像認識を中心に，時系列信号解析やテキスト処理など，パターン認識に関するいくつかの分野で盛んに利用されています．また，プーリング層（C層）の細胞（ノード）数がS層のノード数より小さく固定結合である点や，結合強度を共有している点などから，多層のネットワークでも効率的に学習が行えるという利点があります．

7.2.3　自己符号化

多層ニューラルネットワークにおいて，結合強度の初期値が学習の速度や精度に大きく影響するという事実に対して，**自己符号化**では，事前に各層の結合強度を学習し初期値として用います．**図7.12**は，Bengioらによる自己符号化を用いた事前学習のイメージを示しています．ここでは，階層型のニューラルネットワークとして，ボルツマンマシンのような確率的なものではなく，ニューロンの動作は確定的なものを想定しています．その実現法として，前述の式

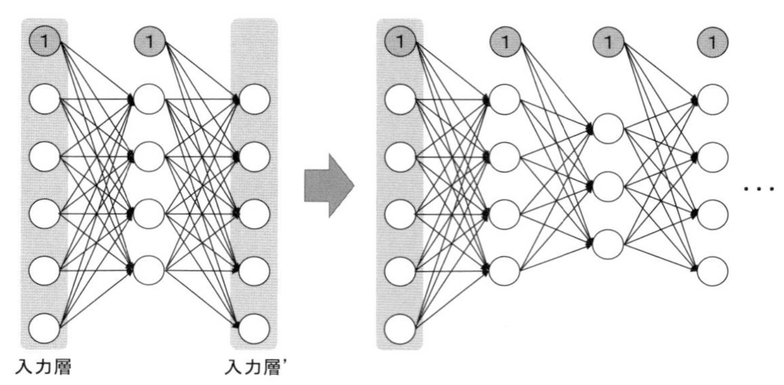

図 7.12　自己符号化による事前学習（Bengio らの手法）

(7.2) におけるバイアスパラメータ N_i を組み込むために，常に 1 の値を出力する仮想的なニューロンを設定し，その結合強度を N_i とするモデルを採用します．

この事前学習法では，最下位層から順に中間層を一つずつ切り出して，一つの中間層のみからなる単純なニューラルネットワークを構成します（図 7.12 左）．そこで，このネットワークの出力層が，入力データと等しいものを出力するように学習を行います．このようにして（結合強度を）学習した各層をもとの順に結合したものを，ニューラルネットワークの初期状態とします．このような一連の処理を，自己符号化と呼びます．

7.2.4　再帰型ニューラルネットワーク

時系列性を持つ連続データに対して学習を行うために，**再帰型ニューラルネットワーク**があります．ここでは，基本的な再帰型ニューラルネットワークについて概説し，さらに，その発展形として最近注目を浴びている LSTM の概要について紹介します．

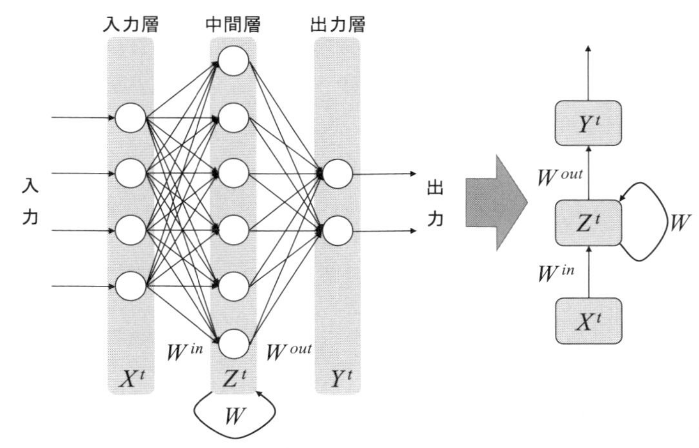

図 7.13　再帰型ニューラルネットワーク

(1)　基本的な再帰型ニューラルネットワーク

図 7.13（左）に，基本的な再帰型ニューラルネットワークの構成を示します．図 7.13（右）は，図 7.13（左）を簡略的に表したものです．再帰型ニューラルネットワークは，中間層を 1 層持つ 3 層構造で構成されます．大きな特徴として，中間層において直前（時刻：$t-1$[2]）の出力をループバックする有効枝が存在します．ここで，時刻 t の入力データに対する入力層，中間層，出力層の出力を，それぞれ X^t，Z^t，Y^t と表記します．時刻 t の入力データに対して，中間層では入力層からの信号に加えて，時刻 $t-1$ の中間層の出力を結合強度 W によって重み付けした信号が，入力信号として与えられます．ここで，層間の信号の結合強度を区別するために，入力層から中間層は W^{in}，中間層から出力層は W^{out} と表記します．このとき，中間層の出力 Z^t は次式で与えられます．

---

[2] ここでは離散時間（時刻：1, 2, …, t, …）を想定します．

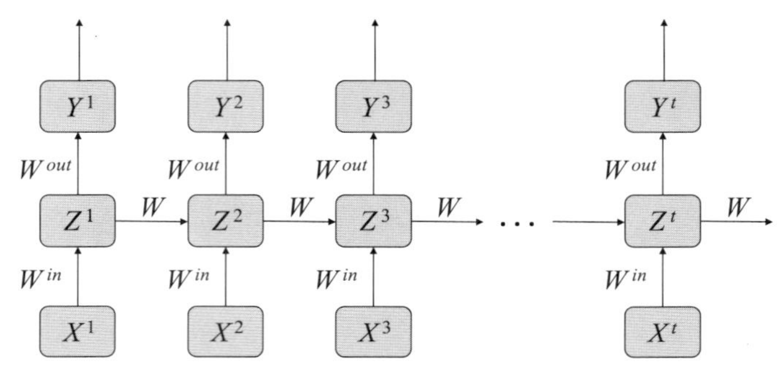

図 7.14　再帰型ニューラルネットワークの順伝搬型への展開

$$Z^t = f(W^{in}X^t + WZ^{t-1}) \tag{7.2}$$

ここで，$f(\cdot)$ は式（7.2）と同様に活性化関数を表しています．つまり，再帰型ニューラルネットワークは，単純な順伝搬型ニューラルネットワークにおいてバイアスパラメータがループバック信号に置き換わったものに対応しています．これにより，過去の入力データを考慮した学習が可能となります．

図 7.14 は，再帰型ニューラルネットワークを，等価な順伝搬型ニューラルネットワークに展開したものです．このように変換することで，誤差逆伝搬法などの従来の学習法を適用することが可能となります．

(2)　LSTM

上述のように，再帰型ニューラルネットワークを順伝搬型ニューラルネットワークと捉えて，入力データの時系列性を考慮した学習を行うことができます．しかし，その一方で，勾配消失問題により，大きな過去まで考慮（記憶）した学習は困難とされています．そこで，近年注目されているのが，長期と短期の両方の記憶を考慮

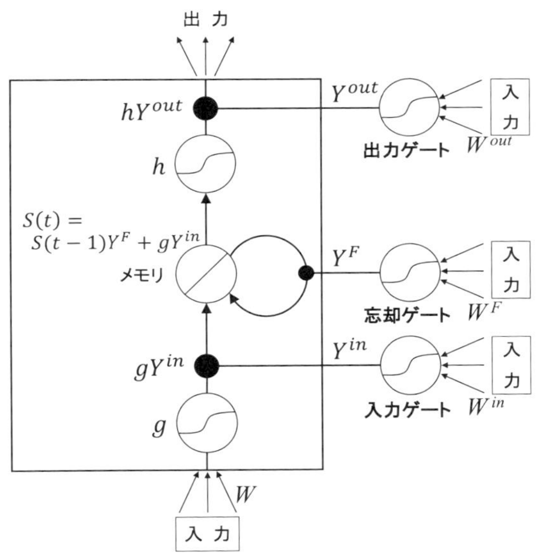

図 7.15　LSTM のセルの例

して時系列データを学習することが可能な LSTM です．LSTM は，1997 年に Hochreiter らによって考案されました．さらに，Gers らによって忘却の概念が拡張されました．

図 7.15 は，この拡張後の LSTM の中間層のニューロン（LSTM ではメモリブロックなどと呼ぶ）を示しています．この図において，「入力」は，入力層からのデータに加えて，全メモリブロックの前時刻（$t-1$）における出力データを含みます．右側の三つのゲート（入力ゲート，忘却ゲート，出力ゲート）は，入力データとそれぞれの結合強度に応じて 0 から 1 の値を出力（Y^{in}, Y^F, Y^{out}）します．0 はゲートを完全に閉じて，1 は完全に開放することを意味します．黒点の g と h は，それぞれシグモイド関数であり，データの値域を調整しています．ブロック内の中央の円状矢印は，メモ

リ（記憶）の前時刻の出力 $S(t-1)$ をループバックすることを表しています．したがって，現時刻でのメモリの出力は，前時刻のメモリ出力と現時刻の入力データを，それぞれ忘却ゲートと入力ゲートの開放度によって絞ったうえで足し合わせたものとなります．最終的に，この結果をさらに出力ゲートの開放度によって絞り込んで出力します．このように，LSTM では忘却の概念を導入し，その度合いを適応的に変更することで，長期の記憶や短期の記憶を考慮した学習を実現しています．

演習問題

1. 教師あり学習と教師なし学習のそれぞれについて，簡潔に説明せよ．
2. 教師あり学習と教師なし学習のそれぞれについて，代表的な学習法をいくつか列挙し，簡潔に説明せよ．
3. 9 個の二次元データ $\{(1,8),(2,7),(2,4),(4,3),(5,5),(6,1),(7,2),(8,4),(9,6)\}$ を，7.1.5 項で紹介した k 平均法のアルゴリズムを用いて，三つのクラスタに分割せよ．この際，最初のデータから順に，初期クラスタをクラスタ 1, 2, 3, 1, 2, 3, 1, 2, 3 の順で割り当てるものとする．また，派生版のアルゴリズムとして，最初に三つのクラスタの中心をランダムに決定（ここでは $\{(2.5,7.5),(5,5),(7.5,2.5)\}$ とする）した場合のアルゴリズムも適用し，計算過程と結果の違いを比較せよ．
4. 深層学習における自動符号化について，目的と仕組みを簡潔に説明せよ．
5. LSTM が短期的・長期的な記憶にどのようにして対応しているのかについて，簡潔に説明せよ．

Box 6　機械学習・人工知能は人間を超えることができるか？

教師あり学習では，ラベルは一般的に専門家などの人間が行います．また，最近では画像認識や手書き文字認識などに対して，低価格の報酬で不特定多数の人にラベル付けを依頼する**クラウドソーシング**なども利用されています．このように人間がラベル付けを行うことが多いため，教師あり学習が人間の分類能力を超えるのは一般的に難しいとされています．これは，教師データとして与えられるのは有限のデータなので，人間の分類能力を網羅する量と質の教師データを与えることが現実的に不可能だからです．

しかし，その一方で，人間があまり意識せずに潜在的な感覚・基準で意思を決定している場合には，大規模データによる機械学習がそれを的確に捉えることも多く，人間以上に認識・分類指標を理解できる可能性があります．そのため，機械学習は，人間以上に効率的に認識・分類し，さらに認識・分類結果をうまく説明できる可能性があります．

さらに，人間的な駆け引きや状況判断と，コンピュータが得意とする最適解の高速な探索といった両方の要素が含まれる囲碁やチェス，将棋などのような競技においては，すでにコンピュータが人間を凌駕しているものが多くあります．

全ての面において，コンピュータが人間に近づく，もしくは超えることは容易ではありませんが，機械学習・人工知能の発展により，これからますます，コンピュータの知能・能力が向上していくことだけは疑う余地はありません．

8

オープンデータの潮流

ビッグデータの流行に伴い，最近では「**オープンデータ**」という考え方が注目されています．オープンデータ自体は，科学データの共有を起源にした古く（1950 年代）からある考えです．しかし，本来，科学分野以外ではあまり必要性のなかったデータの共有が，ICT 技術の発展（つまりデータの送受信，再利用，加工が容易化）とビッグデータの流行により，急速に脚光を浴びるようになったわけです．また，政府や自治体などが収集している情報は，そもそも公共のものであるという考えが一般的となり，積極的に情報公開（オープンデータ化）されていることも後押しとなっているでしょう．

当然ですが，ビッグデータ解析では価値の高いデータをできるだけ多く入手することが，肝心です．オープンデータ化により，入手可能なデータの種類や量がますます多くなるため，ビッグデータ解析において以下のような利点があります．

- データの量が増すことにより，ビッグデータ解析の統計的な精度が増す．
- データの種類が増すことにより，ビッグデータ解析の応用が多様化する（新たなサービスを創出できる）．
- 多くの研究者・技術者が同じデータを参照できるため，ビッグデータ解析において互いに競い合ったり，連携することで，解析の精度や応用としての質・多様性が向上する．

オープンデータ化が進むと，ビッグデータ解析の結果などもオープンデータとして公開され，新たな応用・サービスに利用可能となるため，ビッグデータ解析のライフサイクル（**図 8.1**）が構築され，上記のような利点がますます大きくなっていくことが期待されます．

計算科学の分野だけではなく，今やほぼ全ての学問分野および産業分野においてビッグデータ解析は新たなブレークスルーを生み出すために必須なものとなっています．そのため，多くの国では，ビッグデータ解析を後押ししており，そのためにもオープンデータ化を推進することが必須となるわけです．

本章では，まずオープンデータとは何かを説明し，その後，オー

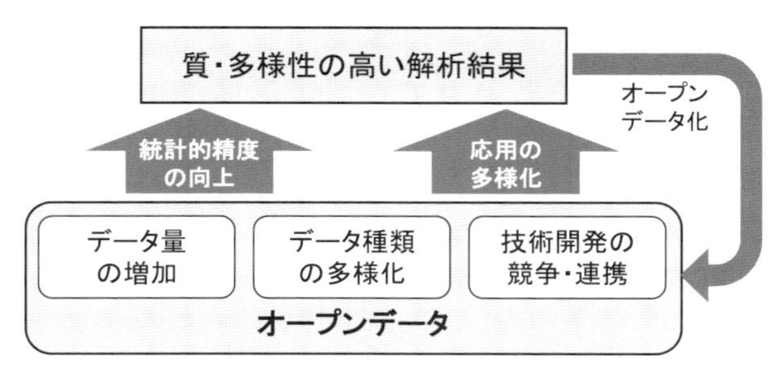

図 8.1　オープンデータ化によるビッグデータ解析のライフサイクル

プンデータに関する国内外の取組みと，現状の問題点および今後取り組むべき課題について言及します．

8.1 オープンデータとは？

「オープンデータ」について，様々な機関・団体から様々な定義や必須条件が示されています．それらをまとめると，次のようなことが言えるでしょう．

- オープンデータとは，誰もが，どのような目的（営利目的を含む）でも利用可能な公開データであり，再配布，二次利用（オリジナルのデータを処理・加工すること）を許すものである．
- オープンデータは，機械（コンピュータ）からアクセス，処理できる形式で提供しなければならない．

つまり，最近のオープンデータに対する考え方は，ビッグデータ解析での利用を強く意識したものといえるでしょう．

8.2 オープンデータの取組み

続いて，オープンデータに関する国内外の取組みについて紹介します．世界に先駆けて，オープンデータの取組みを始めたのは米国です．アメリカ共通役務庁 (U.S. General Services Administration) は，2009 年 5 月より，連邦政府の行政部門によって生成されるデータのオープンデータ化を目的として，Data.gov [48] という Web ポータルを公開しています（**図 8.2**）．公開時には 47 件のデータセットのみでしたが，2017 年 4 月の時点で，約 19 万件のデータセットが公開されており，さらにそれらのデータを便利に利用するための様々なアプリケーション（モバイルアプリを含む）や API も公開されています．

図 8.2　Data.gov
（出典：Data.gov ホームページ，2017 年 4 月 11 日）[48]

また，欧州でも早くからオープンデータ化の取組みが行われており，英国では 2010 年に data.gov.uk，ドイツとフランスでは 2011 年にそれぞれ daten.berlin.de と data.gouv.fr が公開されており，主要先進国の多くは 2013 年までにオープンデータに関する Web ポータルなどを公開しています．

我が国のオープンデータの取組みは，他の先進国などに比べて若干出遅れていたのが実情です．他国のビッグデータの国家戦略的な取組みや，東日本大震災の経験も契機（2.3 節で述べたように，震災時にはビッグデータ解析が大きな意義を持つ）となり，我が国でも 2013 年から政府（下記）を中心に，オープンデータに対する戦略的な取組みが進められています．

- 2013 年 7 月　**電子行政オープンデータ戦略**（IT 総合戦略本部）：
    1. 政府自ら積極的に公共データを公開すること．
    2. 機械判読可能な形式で公開すること．
    3. 営利目的，非営利目的を問わず活用を促進すること．
    4. 取組可能な公共データから速やかに公開等の具体的な取組に着手し，成果を確実に蓄積していくこと．

  を基本原則とし，公共データ活用の推進とそのための環境整備を目的とする（**図 8.3**）．
- 2013 年 12 月～　**電子行政オープンデータ戦略実務者会議**（IT 総合戦略本部）：上記の戦略に基づいた具体的な施策を検討する

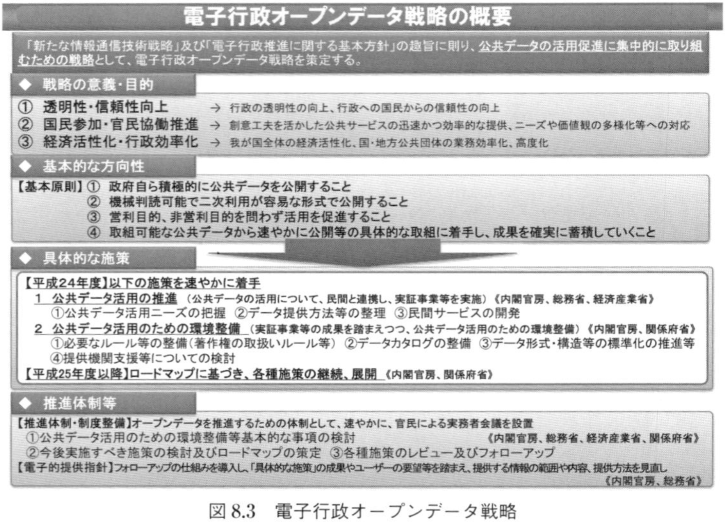

電子行政オープンデータ戦略の概要

「新たな情報通信技術戦略」及び「電子行政推進に関する基本方針」の趣旨に則り、公共データの活用促進に集中的に取り組むための戦略として、電子行政オープンデータ戦略を策定する。

◆ 戦略の意義・目的

① 透明性・信頼性向上 → 行政の透明性の向上、行政への国民からの信頼性の向上
② 国民参加・官民協働推進 → 創意工夫を活かした公共サービスの迅速かつ効率的な提供、ニーズや価値観の多様化等への対応
③ 経済活性化・行政効率化 → 我が国全体の経済活性化、国・地方公共団体の業務効率化、高度化

◆ 基本的な方向性

【基本原則】① 政府自ら積極的に公共データを公開すること
② 機械判読可能で二次利用が容易な形式で公開すること
③ 営利目的、非営利目的を問わず活用を促進すること
④ 取組可能な公共データから速やかに公開等の具体的な取組に着手し、成果を確実に蓄積していくこと

◆ 具体的な施策

【平成24年度】以下の施策を速やかに着手
1 公共データ活用の推進（公共データの活用について、民間と連携し、実証事業等を実施）《内閣官房、総務省、経済産業省》
①公共データ活用ニーズの把握 ②データ提供方法等の整理 ③民間サービスの開発
2 公共データ活用のための環境整備（実証事業等の成果を踏まえつつ、公共データ活用のための環境整備）《内閣官房、関係府省》
①必要なルール等の整備（著作権の取扱いルール等） ②データカタログの整備 ③データ形式・構造等の標準化の推進等
④提供機関支援等についての検討
【平成25年度以降】ロードマップに基づき、各種施策の継続、展開《内閣官房、関係府省》

◆ 推進体制等

【推進体制・制度整備】オープンデータを推進するための体制として、速やかに、官民による実務者会議を設置
①公共データ活用のための環境整備等基本的な事項の検討 《内閣官房、総務省、経済産業省、関係府省》
②今後実施すべき施策の検討及びロードマップの策定 ③各種施策のレビュー及びフォローアップ
【電子的提供指針】フォローアップの仕組みを導入し、「具体的な施策」の成果やユーザーの要望等を踏まえ、提供する情報の範囲や内容、提供方法を見直し 《内閣官房、総務省》

図 8.3　電子行政オープンデータ戦略
（出典：首相官邸ホームページ）[49]

ための，専門家を中心とした実務者の会議．「データWG（ワーキンググループ）」と「ルール・普及WG」を構成し，それぞれ，「データ形式・構造の標準化，データカタログ等」および「公共データ活用のために必要なルール等，提供機関支援，周知・普及等」について検討している．

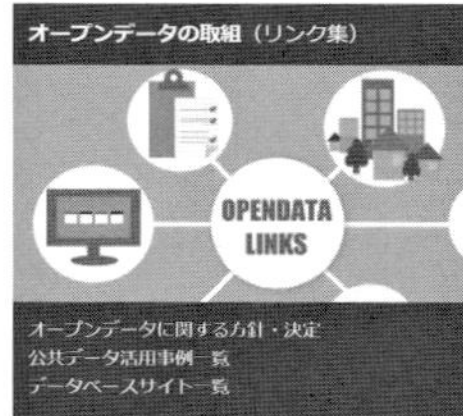

図8.4　データカタログサイト
（出典：データカタログサイト，2016年7月10日）[50]

- 2014年6月　**世界最先端IT国家創造宣言**（閣議決定）：公共データの民間開放を推進することを目的とし，2015年度末には他の先進国と同水準の公開内容を実現することを目標としたものである．

上記の政府の戦略に基づいて，総務省では，2014年4月19日より，情報通信白書と情報通信統計データベースのオープンデータ化を開始しました．また，各省庁の保有データをオープンデータとして利用できるポータルサイトとして，2015年よりデータカタログサイト（http://www.data.go.jp/）を運用しています（**図8.4**）．このサイトでは，データの提供だけではなく，データの提供側・利用側双方にオープンデータのイメージをわかりやすく示すことを目的とし，様々な事例や政府の戦略などについても紹介しています．

8.3　現状のオープンデータの問題点

前節で紹介したように，オープンデータの取組みは着実に進んでいます．しかし，その一方で，ビッグデータ解析においてオープンデータを十分に利用できているとは言えないのが現状です．その主な原因としては以下のようなものが挙げられます．また，それらをまとめたものを**図8.5**に示します．

(1)　データの価値の高騰とデータビジネスの普及

ビジネス等におけるデータ解析の重要性が広く認識され始めると，その源となるデータの価値が認識されるだけではなく，最近ではデータ自体が価値の主体のように考えられています．それに伴い，Googleなど多くのICTサービス企業では，ユーザにとって価値の高いサービスを無償で提供し，その対価としてユーザから様々なデータ（例えば検索クエリやGPSなど位置情報）を大量に取得

①データの価値の高騰とデータビジネスの普及
- データ中心のビジネスモデルの普及(データの売買)
  ➡ 価値の高いデータの独占
- オープンデータ化することのメリットの少なさ

②コンピュータで直接解析しにくい形式での公開
- PDFなど解析用ツールで扱いにくいデータ形式
- データ収集条件や精度・信頼性などメタデータの不足

③プライバシー保護を考慮したデータ公開の難しさ
- 大量データ中の個人情報抽出・消去などの処理の手間
- 個人情報の消去によるデータの価値の低下

図 8.5　オープンデータ化が進まない理由

し，そのデータを解析してサービスの質を向上したり，別のサービスを展開したりするなどする，データ中心の新しいビジネスモデルが広く普及しています．また，そうやって収集したデータを，別の企業や組織に非常に高額で販売するビジネスなども一般的になっています．

このような状況では，当然のことながら，オープンデータの重要性は理解しつつも，自身が持つ貴重なデータを易々と他人に提供することは，企業としての競争力の低下や損失につながる可能性もあります．現状では，オープンデータの恩恵と損失を天秤にかけ，後者の方が大きいと考え，各企業がオープンデータ化を推進していない状況といえるでしょう．この状況を打開するためには，企業がオープンデータ化に参加する方が得策であると考えるように，社会全体（例えば政府や国際社会）での何らかの取組みが必要となります．

(2) コンピュータで直接解析しにくい形式での公開

現状でも，政府や自治体，国・公共の研究機関などでは多くのデータがオープンデータ化され始めています．しかし，これらのデータは，スキャンデータやPDFなど，解析用のプログラムから直接の参照や編集・加工をしにくいものが大半を占めています．またデータを直接参照できたとしても，データ収集時の細かな条件やデータの精度・信頼度などの補足情報（メタデータ）が不足しており，十分な解析が行えない場合が多いのが現状です．そのため，ビッグデータ解析用のツールやプログラム（ソフトウェア）から柔軟にアクセス可能な形式でデータを提供可能な枠組み，例えば，柔軟なデータ検索および収集を可能とするAPIを有したWebサービスなどが必要となります．

(3) プライバシー保護を考慮したデータ公開の難しさ

オープンデータ化を促進するためには，**プライバシー問題**を避けて通ることはできません．政府や地方自治体，企業が所有するデータやセンサーデータなどの多くは個人に紐づけされており，そのまま公開すればプライバシー情報の漏えいとなり，大きな問題となります．そのため，個人を特定可能な情報（個人情報）などを消去もしくは抽象化（ぼやか）したうえで，データを公開するなどの処理を行う必要があります．しかし，そのようにすることには，以下のような問題があるため，プライバシー保護を考慮したデータ公開も，大きな壁に当たっているのが実情です．

- 大量のデータに対して，個人情報を特定し，適切に消去・抽象化することが，人的およびコンピュータ的に手間・コストが大きい．
- 個人情報を消去・抽象化することで，人物ごとの特性を抽出したり，複数のデータ間で同一ユーザを紐づけしたりすることができなくなるため，ビッグデータ解析の精度や有益性が低下する場合が多い．そのため，データの有益性を低下させてまで，オープンデータ化するモチベーションが小さい．

8.4 オープンデータ化に伴う課題

前節の問題点が解消されてオープンデータ化が進んだとしても，オープンデータをビッグデータ解析に利用する際に，まだいくつか考慮しなければならない課題が存在します．本節では，オープンデータ化が進むことによって新たに生じる（技術的および非技術的）課題について紹介します．課題をまとめたものを**図 8.6** に示します．

(1) ビッグデータ解析によるプライバシー侵害の恐れ

前節でもプライバシーの問題に関して説明しましたが，単純に

①ビッグデータ解析によるプライバシー侵害の恐れ
- 複数のデータ源の解析により個人を特定できる可能性（特にSNSデータとの紐づけの危険性）
- ビッグデータにおける個人情報除去の処理のコスト大

②データの信頼性
- 個人が発信する情報などの信頼性の保証が困難（トレーサビリティの保証だけでは不十分）

③加工データのオーナーシップの不明性
- 加工（解析）データの所有権の基準が不明（加工の度合いに差があるため判断が困難）
- オーナシップの不明性はトレーサビリティにも悪影響

図 8.6　オープンデータ化に伴って生じる新たな課題

各データの個人情報を消去・抽象化（これらを匿名化されたデータと呼びます）したとしても，ビッグデータ解析においては十分ではありません．つまり，個々のデータは個人情報を含んでいないとしても，大量のデータを解析することで，ある匿名化されたデータがどの個人のものであるかを高い確率で予測することが可能となる場合があります．最も単純な例としては，匿名化されたデータにおいて，あるユーザA（具体的にどの個人かは不明）の持つ属性情報（年齢，住所，趣味，職歴など）に独自性が高い場合，匿名化されていたとしても，他のユーザとは識別可能となります．さらに，そのユーザがWebやSNS等で公表している情報にそれらの属性が含まれていたら，ユーザAが具体的に誰かを特定できてしまいます．

このようなリスクを低減するために，匿名化データにおいても，特定の属性値群を持つユーザがk人以上になるようにデータの消去・抽象化を行うk匿名化などのプライバシー保護技術が古くから研究開発されています．しかし，ビッグデータ解析においては，個々の情報源がk匿名化されていても，複数の情報源を利用した解析などが頻繁に行われるため，それらの任意の組合せにおいて，k匿名化を実現できているかを検証することは容易ではありません．

また，様々なSNSにおいて，多くのユーザはプライバシーに関わる情報（例えば職業，趣味，実社会での活動，現在地など）を匿名化されていない状態で公開しています．これらの情報を集積・解析することで，匿名化された重要データの個人情報が漏えいする恐れがあり，さらに個人情報によって紐づけられた多くのプライバシー情報も漏えいしてしまう可能性があります．

(2)　データの信頼性

1.1節において，ビッグデータの5VのVeracity（正確性）で述べたように，ビッグデータを構成する多種多様なデータのすべてが十分に正確であるとは限りません．2015 年 9 月に改正された個人情報保護法では，ビッグデータの利活用を促進することを目的として，匿名化データ（本法では匿名加工情報と呼んでいます）を含めたデータのトレーサビリティ（データの出所や解析・加工・複製などの履歴を明確化すること）を確保することを義務化しています．しかし，ビッグデータの情報源は，個人情報保護法の対象となる企業・団体などだけではなく，ユーザ自身が SNS や Web から発信する情報も多く含まれます．そのため，トレーサビリティを確保するだけでは，データの信頼性の問題を解決するには十分ではありません．

(3)　加工データのオーナーシップ

上記のデータの信頼性の問題とも関連しますが，そもそもビッグデータ解析などによって新たに生成した加工データ（解析結果の統計情報など）の所有権が誰に帰属するのか（オリジナルデータの所有者か解析者か？），明確ではない場合が多くあります．もちろん，オープンデータの思想は，データの所有権を放棄し，自由に利活用することが大前提です．そのオープンデータを利用して生成されたデータが，集計値などであれば解析者が所有者といえるでしょう．しかし，条件に合致するデータのみを抽出する場合などは，生成されたデータがオープンデータの部分集合となるため，個々のデータはもとのデータと同様となります．この場合，データの所有者が誰なのかを，簡単に言い切れるでしょうか？

データのオーナーシップがあいまいになってしまうと，上述のデータのトレーサビリティにも悪い影響が出ます（つまり，誰のデータを誰が加工したかなどが不明確になるわけです）．そのため，データのトレーサビリティとオーナーシップの問題は，同時に検討し解決しなければならない問題といえます．

演習問題

1. オープンデータ化に伴って入手可能なデータの種類と量が増えると，ビッグデータ解析においてどのような利点があるかを述べよ．
2. 一般的に，オープンデータに要求される二つの条件について，簡単に説明せよ．
3. 一部の政府機関を除いて，オープンデータ化がなかなか進まない理由について，思いつく限り列挙せよ．
4. ビッグデータ解析において，オープンデータを用いる際に，新たに生じる課題について，思いつく限り列挙せよ．

今後の展望

本書ではこれまでに，ビッグデータとは何か，どのような特徴を持つのか，どのような技術で処理・解析されるのかについて解説し，さらにオープンデータ化の流れと課題について概説しました．ビッグデータは，最近大流行している人工知能と併せて，今後も社会，産業，研究のあらゆる面で，重要な役割を担うことに疑いの余地はありません．そのため，研究者・学生や技術者だけではなく，多くの職種の人にとって，ビッグデータを理解することは大きな意味があるでしょう．

以下では，今後重要になると思われるビッグデータに関する新た

組織をまたがる横断型データ検索
組織をまたがるデータ複製・バージョン管理
解析結果の共有データ化
プラットフォーム
人
SNS解析結果の社会センサデータ化
欠損データ収集・補完
プライバシー保護
人を介したデータ処理

図 9.1　今後の技術開発の方向性

な課題（研究分野としてはすでに流行しつつあります）について紹介したいと思います．これらの課題を大きくまとめると，オープンデータの共有のためのプラットフォームと，人に関わるデータ収集・処理となります（**図 9.1**）．

9.1 オープンデータを効率的・効果的に利用するためのプラットフォーム構築

前章で述べたように，ビッグデータ解析の精度向上，多様化のためにオープンデータ化が必須となっています．一方で，現状ではオープンデータ化が十分に進んでいるとはいえず，紹介したような課題を含めて，いろいろクリアしなければならない課題が残されています．それらの解決と同様に重要なこととして，複数の機関・組織に分散して管理されているオープンデータを効率的・効果的に共有するためのプラットフォームの構築があげられます．具体的には，以下のような機能を持つプラットフォームが望まれます．

(1) 複数の機関・組織で分散管理されているデータを横断的に検索できる機能

これを実現するためには，異種データベースの統合に関する従来の技術を概ね利用可能です．具体的には，各機関・組織で自由に決められているデータの名前や形式などの違いを吸収して，同一の枠組みで検索する技術や，高度な検索のためのメタデータ（補足情報）を付与する技術などが有効となります．オープンデータを共有する場合，従来の情報統合と比較して，データ源の分散が地理的に広範囲かつ大量となる可能性があるため，効率的に所望のデータを得るための検索技術がより重要になります．そのための新たな技術開発が望まれます．

(2) 検索したデータを別の機関・組織に複製（コピー）したり，オリジナルデータと同期（バージョン管理）できる機能

これを実現するためには，データの再配置やバージョン管理，トレーサビリティを実現する従来のデータベース技術を概ね利用可能です．その際，検索結果としてデータの一部や簡単に集計処理したものなども含まれるため，前述のデータのオーナーシップなどの問題も考慮した管理技術が必要となります．また，データを検索したユーザの目的に応じて，適切（適度）なバージョン管理法を柔軟に設定できる仕組みが必要となります．

(3) 解析結果を新たなデータとして共有を可能とする機能

これを実現するためには，解析結果の共有だけではなく，検索を可能とするためのメタデータ（精度に関する情報なども含む）の自動付与およびトレーサビリティなどの仕組みが必要となります．

9.2 人に関わる，人を介したデータ収集・処理

最近では，SNSなどから人が生成するデータが，実社会をリアルタイムに表す重要なデータ源として期待されています．また，スマートフォンなどに搭載されたGPS，カメラ，各種センサーから生成されるデータをセンサーデータと見なして，ユーザがボランティアもしくは有償でセンシングを行う**参加型センシング**（**クラウドセンシング**，**モバイルセンシング**などとも呼ばれる）が，新たなデータ収集方法として注目されています．このように，人に関わる，人を介したデータ収集・処理を実現するためには，以下のような技術を確立する必要があります．

(1) SNSの解析結果を新たなデータ（実社会を表す社会センサーデータ）として共有可能なプラットフォーム技術

SNSデータを解析・マイニングして，実社会のイベントやトレンド，人の移動の傾向などを把握したり，予測したりする研究は，近年盛んに行われています．これらの解析結果は，新たなデータとして多くのアプリケーションで非常に重要なものですが，現状では，SNSデータの解析結果のほとんどは，その解析者のみに所有され，他者との共有は想定されていません．そこで，このような解析結果を，一種の**社会センサーデータ**として共有するためのプラットフォーム技術の確立が望まれます．

(2) 解析に必要な欠損データを収集・補完する技術

人が生成するデータは，その生成場所や時間が重要な意味を持つことが多く，データを時間と空間的（時空間的）に解析することで，時空間的な特性（どのような時間帯や場所で特定の事象が起きやすいかなど）を調査することがしばしばあります．しかし，このようなデータの生成においては，データ生成者である人の動きをコントロールできないという大きな問題があります．そのため，ビッグデータ解析に必要となる十分なデータが，特定の場所や時間帯において揃っていないという欠損データが生じることが考えられます．

欠損データの問題を解決するためには，参加型センシングにおいて，有償もしくは他の動機付け（インセンティブ）により，所望のデータを生成してくれる参加者を発見する必要があります．このための技術は，近年，学術分野において新たな研究課題として重要性が認識されつつあります．対価モデル（コストを最適化しつつ所望のデータを収集するための経済モデルなど）の構築や，ゲーム性を加えた競争モデルの構築などが代表的な例です．

また，別のアプローチとして，その他の大量のデータを用いて，欠損データを補完する技術も有効であり，研究開発が行われています．例えば，時空間的に欠損データの近くにあるデータの特性から，欠損データを確率的に推測する技術などが有効です．このような技術は，これまでにも盛んに研究されていますが，人がデータを生成するという新しい特性のために，既存技術をそのまま再利用できるとは限りません．そのため，新たな技術が必要となります．

(3) プライバシー保護技術

8.4(1)項でも述べましたが，ビッグデータ解析ではプライバシー保護が重要です．人が生成するデータでは，さらにプライバシーが重要な問題となります．これは，データの生成場所はユーザの存在場所ですし，データの内容はユーザの特性ですので，データそのものがプライバシーに大きく関わる情報を多く含んでいるためです．また，SNSなどのようにユーザ自身がプライバシー情報を公開していたとしても，第三者がビッグデータ解析などによってさらに整理した情報として提供することが，必ずしもプライバシー保護の観点から問題がないとは言い切れません．

一方で，人が生成するデータからすべてのプライバシー情報を完全に除去すると，ビッグデータ解析の観点から，データの価値が大きく損なわれてしまいます．このように，人が生成するデータについては，ビッグデータ解析の上での価値を保ちつつ，プライバシー保護を達成することが非常に困難となるため，新たなブレークスルーとなるプライバシー保護技術の登場が望まれます．

(4) 人によるデータ処理を促進する技術

人が生成するデータに対する解析が盛んに行われるようになる

と，解析結果の正しさを，人が直接介在して検証しなければならない場合が多くあります．例えば，実社会におけるトレンドや人の嗜好・特徴，移動特性などは，結果の精度を機械的に検証できないことが多く，本人やその他一般の人に正否を問い合わせる必要があります．

このような目的のために，一般の不特定多数の人にタスクを実行してもらう**クラウドソーシング**という概念が，最近流行しています．しかし，ビッグデータ解析においてクラウドソーシングを精度検証に用いるためには，人が介在するクラウドソーシングの過程を，コンピュータが大規模並列処理などを行う解析過程とシームレスに連携しつつ，その検証結果を解析にもフィードバックする新たな枠組みが必要となります．

参考文献

[1] 太田洋監修，本橋信也，河野達也，鶴見利章著，『NoSQLの基礎知識 －ビッグデータを活かすデータベース技術』，リックテレコム，2012.

[2] 渡部徹太郎著・監修，河村康爾，他著，『RDB技術者のためのNoSQLガイド』，秀和システム，2016.

[3] 人工知能学会監修，麻生英樹，他著，『深層学習』，近代科学社，2015.

[4] 岡谷貴之著，『深層学習』，講談社，2015.

[5] 日経ビッグデータ編:『ビッグデータ総覧 2014-2015』，日経BP社，2014.

[6] We knew the web was big..., http://googleblog.blogspot.jp/2008/07/we-knew-web-was-big.html

[7] Lawrence Page, Sergey Brin, Rajeev Motwani, Terry Winograd, The PageRank Citation Ranking: Bringing Order to the Web, 1998.

[8] Amazon Web Services, https://aws.amazon.com/jp/

[9] Inside the Secret World of the Data Crunchers Who Helped Obama Win, http://swampland.time.com/2012/11/07/inside-the-secret-world-of-quants-and-data-crunchers-who-helped-obama-win/

[10] 原隆浩，アーバンセンシングで新たなサービスを展開する―センサ情報とサイバー情報を融合した近未来サービスの実現，情報処理，Vol.52, No.1, pp.41-45, 2011.

[11] NTT持株会社ニュースリリース，http://www.ntt.co.jp/news2015/1502/150218a.html

[12] ニュースリリース，http://www.hitachi.co.jp/New/cnews/month/2015/11/1109.html

[13] NHKスペシャル～震災ビッグデータ～，

http://www.nhk.or.jp/datajournalism/about/

[14] Yahoo! JAPAN ビッグデータレポート,
http://docs.yahoo.co.jp/info/bigdata/

[15] 情報爆発―情報爆発時代に向けた新しい IT 基盤技術の研究（成果報告書），文部科学省科学研究費補助金特定領域研究，平成 17 年度〜平成 22 年度，2011.

[16] Apache Hadoop, http://hadoop.apache.org/

[17] かんたん Hadoop ソリューション,
http://www.hitachi.co.jp/products/it/bigdata/platform/hadoop/

[18] Apache Spark, http://spark.apache.org/

[19] Apache Storm, http://storm.apache.org/

[20] Apache Flink, http://flink.apache.org/

[21] Apache Mahout, http://mahout.apache.org/

[22] Jutabus, http://jubat.us/ja/

[23] SpatialHadoop, http://spatialhadoop.cs.umn.edu/

[24] Benchmarking Streaming Computation Engines at Yahoo!,
https://yahooeng.tumblr.com/post/135321837876/benchmarking-streaming-computation-engines-at

[25] A. Arasu, S. Babu, J. Widom, The CQL Continuous Query Language: Semantic Foundations and Query Execution, *The VLDB Journal*, Vol.15, No.2, pp.121-142, 2006.

[26] Oracle CEP CQL 言語リファレンス,
https://docs.oracle.com/cd/E16340_01/doc.1111/b55504/intro.htm

[27] StreamBase Complex Event Processing - Overview - TIBCO,
http://www.tibco.com/products/event-processing/complex-event-processing/streambase-complex-event-processing

[28] Namit Jain, Shailendra Mishra, Anand Srinivasan, Johannes Gehrke, Jennifer Widom, Hari Balakrishnan, Uğur Cetintemel, Mitch Cherniack, Richard Tibbetts, Stan Zdonik, Towards a Streaming SQL Standard, *PVLDB*, Vol.1, No.2, pp.1379-1390, 2008.

[29] Brian Babcock, Shivnath Babu, Mayur Datar, Rajeev Motwani, Jennifer Widom, Models and Issues in Data Stream Systems, *Proceedings of ACM SIGMOD-SIGACT-SIGART Symposium on Principles of Database Systems (PODS)*, pp.1-16, 2002.

[30] PipelineDB, The Streaming SQL Database, https://www.pipelinedb.com/

[31] Bugra Gedik, Ling Liu, PeerCQ: A Decentralized and Self-Configuring Peer-to-Peer Information Monitoring System, *Proceedings of IEEE International Conference on Distributed Computing Systems (ICDCS)*, pp.490-499, 2003.

[32] Mitch Cherniack, Hari Balakrishnan, Magdalena Balazinska, Donald Carney, Ugur Cetintemel, Ying Xing, Stanley B. Zdonik, Scalable Distributed Stream Processing, *Proceedings of Conference on Innovative Data Systems Research (CIDR)*, 2003.

[33] Eric A. Brewer, Towards Robust Distributed Systems, Keynote Speech in PODC 2000, https://people.eecs.berkeley.edu/ brewer/cs262b-2004/PODC-keynote.pdf, 2000.

[34] Redis, http://redis.io/

[35] Apache HBase, http://hbase.apache.org/

[36] Apache Cassandra, http://cassandra.apache.org/

[37] mongoDB, https://www.mongodb.com/

[38] Neo4j, https://neo4j.com/

[39] InfoQ, BitCoins Lost, MongDB and Eventual Consistency, https://www.infoq.com/news/2014/04/bitcoin-banking-mongodb/, 2014.

[40] Geoffrey E. Hinton, Simon Osindero, Yee-Whye Teh, A Fast Learning Algorithm for Deep Belief Nets, *Nural Computation*, Vol.18, No.7, pp1527-1554, 2006.

[41] David M. Blei, Andrew Y. Ng, Michael I. Jordan, Latent Dirichlet

Allocation, *Journal of Machine Learning Research*, Vol.3, pp.993-1022, 2003.

[42] 福嶋邦彦, 位置ずれに影響されないパターン認識機構の神経回路モデル－ネオコグニトロン－, 電子情報通信学会論文誌, Vol.J62-A, No.10, pp.658-665, 1979.

[43] Yann LeCun, Leon Bottou, Yoshua Bengio, Patrick Haffner, Gradient-based Learning Applied to Document Recognition, *Proceedings of the IEEE*, Vol.86, No.11, pp.2278-2324, 1998.

[44] Geoffrey Hinton, Ruslan Salakhutdinov, Reducing the Dimensionality of Data with Neural Networks, *Science*, Vol.313, pp.504-507, 2006.

[45] Yoshua Bengio, Pascal Lamblin, Dan Popovici, Hugo Larochelle, Greedy Layer-Wise Training of Deep Networks, *Proceedings of Conference on Neural Information Processing Systems* (*NIPS*'06), pp.153-160, 2007.

[46] Sepp Hochreiter, Jurgen Schmidhuber, Long Short-Term Memory, *Neural Computation*, Vol.9, No.8, pp.1735-1780, 1997.

[47] Felix A. Gers, Jurgen Schmidhuber, Fred Cummins, Learning to Forget: Continual Prediction with LSTM, *Neural Computation*, Vol.12, No.10, pp.2451-2471, 2000.

[48] Data.gov, https://www.data.gov/

[49] 首相官邸, https://www.kantei.go.jp/

[50] データカタログサイト, https://www.data.go.jp/

あとがき

筆者は，本シリーズ（共立スマートセレクション）の情報系分野において，情報系分野全体の企画委員を務めています．同企画委員をご担当され，併せてデータベース・メディア領域のコーディネーターをご担当されている国立情報学研究所所長・東京大学教授の喜連川優先生から，本書「ビッグデータ解析の現在と未来」の執筆を任されたのが，1年半以上も前のことです．つまり，本書の執筆を開始してから書き上げるまでに，1年半以上も要してしまいました．これは第一に，筆者のスケジュール管理能力の至らないところですが，その間，ビッグデータに関わる技術は目覚ましく進歩しました．本書は，そのような技術的な進歩を考慮して，執筆完了時の最新の状況を基準にした内容になっていると考えます（もちろん，ビッグデータの基礎や歴史を踏まえて内容を網羅したつもりです）．まえがきでも述べましたが，本書がビッグデータの初歩について知りたい，学びたいと思っている読者にとって大きな意義のある内容となっていることを願います．

末筆ではありますが，本書の執筆に辺り多大なるご尽力を頂いた，情報系分野の企画委員長の大阪大学総長・西尾章治郎先生，ならびに，企画委員兼，データベース・メディア領域コーディネーターの喜連川優先生に深く感謝致します．さらに，筆者に本シリーズの企画の機会と，本書の執筆の機会を与えてくださった，共立出版の関係者の皆様に厚く御礼申し上げます．

原　隆浩

AI時代を生き抜くにはその震源地ともいえる
ビッグデータを正しく理解することが必須

コーディネーター　喜連川　優

ビッグデータという名称はとりわけ2012年3月オバマ政権によるビッグデータイニシアティブ開始以降より広く利用されるようになった．本書の出版は5年半を経ているが米国並びに世界はこの方向感をさらに推進しており，短時間に使い捨てられるITバズワードではない．

ビッグデータは大きく二つのパートから構成される．データの収集とデータの解析である．データの収集において重要な役割を果たすのがIoT（Internet of Things）である．センサー技術ならびに半導体技術の進展により多くの事象が可観測となり容易にデータを収集することが可能となり，これが膨大なデータの新たな生成源となりつつある．データの解析部分は従来データアナリティクスと呼ばれていたが，最近はディープラーニングが生まれて以降AIブームとなり，解析部分がAIと呼ばれることが多い．3度目のブームを迎える今日のAIの最大の特徴は，膨大な学習データが利用可能になったという点にある．従来は，大量データはほとんどなかった．すなわち，今日のAIとビッグデータは不可分な関係にある．このように最近の3つのITキーワード，IoT，AI，ビッグデータは非常に近い領域を指しているといえる．あるいは，遠目には，おおむね一括りの技術といっても過言ではない．もちろん，IoTはセンターではなくアクチュエータとしての利用もあり，また，AIも必ずしも多量ではなく少量のデータの解析もある．しかし，大勢としては，上述のようにビッグデータという大きな幹が IT の中核として位置づけられるようになったことは確実である．このような流れを理解することは極めて重要であり，本書は全体の技術動向をうまくまとめている．

ビッグデータというブームの 8 年前に我が国では，情報爆発というキーワードで，文部科学省は大規模な研究プロジェクトを企画し，2005 年より，ビッグデータとほぼ同様の研究を本格的に開始していた．2007 年には経済産業省は情報大航海なるプロジェクトを立ち上げ，企業を主たるプレイヤとした国家プロジェクトが開始され，数多くの興味深い成果が生まれている．すなわち，日本は遅れているわけではない．本書から，そのような流れも汲み取れよう．

現時点ではさらに新しい研究の潮流が生まれつつある．社会には多くの IT をフルに活用した社会システムが稼働しているが（これらは algorithmic system と呼ばれる），当該システムが公平で倫理的に正しいサービスを社会に提供することをいかにして保障するかが活発に議論されている．アルゴリズムとデータの両方がフェアでなくてはならない．アルゴリズムが正しく動作するには，元となるデータが歪んでいないことを保証することが必須となる．すなわち，ビッグデータの質担保が極めて重要な要件となり，そのようなデータのデザインを研究する時代へと突入している．量が多ければよいというビッグデータの時代からさらに次のステップへ飛躍しようとしている．

制度面の整備も重要であるが，十分に進んでいるとはいえない．データは著作権の対象とはならない．データの保護は現時点では不正競争防止法によることとなる．一方で，データが大きく世界を変える中で，企業活動が適正になされるべく新しい制度についても知財戦略として議論が進められており，今後が期待される．

本書はビッグデータを中心に据えて，ビッグデータそのものの歴史や現状，さらにはその周辺の諸技術について俯瞰的に解説した希少な書籍といってよい．

以下では，本書の概要について，章構成に従って概要を示す．1章では，ビッグデータおよびその解析技術について概観する．とりわけ，ビッグデータの特徴や注目されるようになった背景，ビッグデータの解析技術の特徴（従来のデータ解析とは何が違うのか）などについて解説する．この章を読むことにより，生成されるデータ量の大量化・多様化だけではなく，それを解析するためのデータベースや機械学習，分散処理フレームワーク，クラウドサービスなどの諸技術や環境の成熟・発展が重要なきっかけになっていることが示される．

2章では，ビッグデータ解析の応用事例について，米国大統領選挙や都市部の人流解析，防災・災害対応，Yahoo! Japanのビッグデータレポートなど，代表的な事例を紹介し，私が領域代表者を務めて2005年度～2010年度に実施したビッグデータプロジェクトである「情報爆発プロジェクト」（文部科学省科学研究費特定領域研究「情報爆発時代に向けた新しいIT基盤技術の研究」）についても紹介する．著者の原氏は当該プロジェクトで活躍された．本章を読むことにより，ビッグデータ解析が実際にどのような応用に用いられるのか，さらには，ビッグデータが流行する遥かに前から我が国ではビッグデータの重要性が認識され，国を挙げて技術開発が行われていたことを知ることができるであろう．

3章では，ビッグデータ解析の典型的な流れとして，「データ収集」と「データ解析」の二つのフェーズに焦点を当て，各フェーズにおける処理内容や考慮すべき課題，用いられる技術などについて解説する．本章により，ビッグデータ解析の全体像を把握でき，本書が対象とする範囲が把握できるであろう．

4 章〜7 章では，ビッグデータを支える諸技術として，分散処理フレームワーク，ストリーム処理エンジン，データベース，機械学習について解説する．これらの章は，本書の技術書としての根幹の部分といえ，まず 4 章では，大量のデータを超並列分散処理によって高速に処理するための分散処理フレームワークについて，代表的なシステムを紹介する．ビッグデータがこれだけ注目されることになったのは，これまで不可能と考えられてきた大規模なデータ解析が，Hadoop などの分散処理のオープンフレームワークの登場によって，従来高価であったライセンスフィーがなくなり，広く利用が進展したことがわかる．本章では，Hadoop 分散ファイルシステムや MapReduce，YARN などの Hadoop 関連技術に加えて，最近特に注目されている Spark，Storm，Flink，Mahout などの Apache ソフトウェア財団によるオープンソースフレームワークや Jubatus，Spatial Hadoop など，多様な広がりについて紹介し，その特徴を紹介する．本章により，多数存在する分散処理フレームワークの全体像を理解することができよう．

5 章では，M2M や IoT，各種センサーや監視機器などから連続的に発生するストリームデータを対象として，ストリームデータを効率的に処理するための技術基盤（エンジン）について，学術レベルから商用レベルまで代表的なシステムを紹介する．ストリーム処理の歴史は実は古く，2000 年前後からセンサーネットワークの分野とデータベースの分野を中心に研究が進められてきた．本章では，そのような歴史のあるストリーム処理の技術が，なぜ最近のビッグデータの流行時に再び脚光を浴びているのかを含めて，ストリーム処理エンジンのアーキテクチャや関連技術を俯瞰的に解説する．特に，ストリーム処理のための代表的な問合せ言語であるCQL（連続問合せ言語）について，リレーションのデータとストリームのデータを相互変換するための演算（例えば，ストリームをリレーションに変換するウィンドウ演算）と問合せの例を紹介する．また，集中型と分散型のエンジンについて，それぞれのアーキテクチャや代表的な例について説明する．本章により，Spark や Storm などでその存在が知られていたストリーム処理について，その歴史や全体像を把握することができる．

6 章では，ビッグデータ解析のためのデータベース技術として，NoSQL と呼ばれるデータベース群について解説する．リレーショナルデータベースの長所であるスキーマ定義や正規化・結合処理，ACID 特性の保障がビッグデータ解析では必ずしも必要でない場合があることを指摘し，それを解消・緩和した NoSQL データベースについて，いくつかの分類と各分類での代表的なものを紹介する．一方，最近の動向として，多くの NoSQL データベースにおいて，従来のリレーショナルデータベースで用いられている技術（上記の長所となる機能）が拡張機能として実装され始めていることを紹介している．これは，従来のデータベース技術者と，そのコミュニティ外からの NoSQL の技術者（ビッグデータ解析者）の歩み寄りを表しているともいえ，旧来のデータベース要件がかなり本質的であることから，避けられない様相を呈しているともいえる．本章を読むことにより，NoSQL の現状と今後の方向性について，理解を深めることができよう．

7 章では，ビッグデータの解析技術として重要な機械学習と，その中でも特に最近注目されている深層学習について概説する．4 章～6 章で紹介した技術がビッグデータのデータ基盤のための技術であるのに対し，機械学習はデータ解析を行うための技術である．この章において，AI の隆盛・衰退を繰り返す歴史にも触れつつ，代表的な機械学習手法のクラス（教師あり，教師なし）とその中での代表的な手法について，SVM，ニューラルネットワーク，決定木，クラスタリング，トピックモデルを概説する．さらに，深層学習のための代表的な技術に関して，畳込みニューラルネットワークや，自己符号化，再帰型ニューラルネットワーク，LSTM などについて説明する．ビッグデータの流行と AI の流行について関係性にも触れる．

8 章では，関連する動向として，最近新たなブームになっているオープンデータに関し，国内外の動向と，オープンデータ化がそれほど進まない現状の問題点について解説する．さらに，オープンデータをビッグデータ解析に用いた際に生じる課題について，プライバシーや信頼性，オーナーシップ・トレーサビリティなど多角的に紹介している．ここでの議論は，データベースやデータ解析の研究開発に携わっている研究者・技術者にとっても，最先端の領域といえる．

最後に 9 章では，本書のまとめとして，ビッグデータに関する将来展望について議論する．オープンデータの効果的な利用を促進するプラットフォームや，人に関わる，人を介したデータ処理について，諸課題とその解決に必要となる技術を解説する．

このように，本書はビッグデータに関する広範囲にわたる多様な技術をすっきりとまとめており，関連する技術を概括的に理解することが可能となる．ビッグデータ解析に関しても，最近の AI について全体を俯瞰しており，容易に理解が可能となる．「データが世界を変える」という今世紀の大きな潮流を感じることのできる書物であり，当該分野へ挑戦する方々が増えることを希望する次第である．

索　引

【欧字・数字】

【あ】

【か】

【さ】

【た】

【な】

【は】

著 者

原 隆浩（はら たかひろ）

1997年 大阪大学大学院工学研究科博士前期課程修了

現 在 大阪大学大学院情報科学研究科 教授 博士（工学）

専 門 データ工学，モーバイルコンピューティング

コーディネーター

喜連川優（きつれがわ まさる）

1983年 東京大学大学院工学系研究科博士課程修了

現 在 国立情報学研究所 所長，東京大学生産技術研究所 教授 工学博士

専 門 データベース工学

共立スマートセレクション 20
Kyoritsu Smart Selection 20
ビッグデータ解析の現在と未来
—**Hadoop**，**NoSQL**，深層学習から
オープンデータまで—
Big Data Analysis:
Current and Future

2017年10月10日 初版1刷発行

検印廃止
NDC 007.609

ISBN 978-4-320-00920-2

著 者 原 隆浩 © 2017
コーディネーター 喜連川優

発行者 南條光章

発行所 **共立出版株式会社**
郵便番号 112-0006
東京都文京区小日向 4-6-19
電話 03-3947-2511（代表）
振替口座 00110-2-57035
http://www.kyoritsu-pub.co.jp/

印 刷 大日本法令印刷
製 本 加藤製本

一般社団法人
自然科学書協会
会員

Printed in Japan